Axel Weiß

Tolle Flieger

selbstgebaut

Axel Weiß

Tolle Flieger

selbstgebaut

Bau- und Fluganleitungen

AUGUSTUS

Impressum

Die Deutsche Bibliothek - CIP-Einheits-aufnahme
Tolle Flieger: selbst gebaut, Bau- und Fluganleitungen / Axel Weiß. - Augsburg: Augustus Verl. 1999
ISBN 3-8043-0619-5

Die im Buch veröffentlichten Ratschläge wurden vom Verfasser und Verlag sorgfältig erarbeitet und geprüft. Eine Garantie kann dennoch nicht übernommen werden. Ebenso ist eine Haftung des Verfassers bzw. Verlages und seiner Beauftragten für Personen-, Sach- und Vermögensschäden ausgeschlossen.

Jede gewerbliche Nutzung der Arbeiten und Entwürfe ist nur mit Genehmigung von Verfasser und Verlag gestattet.

Bei der Anwendung im Unterricht und in Kursen ist auf dieses Buch hinzuweisen.

Fotografie: Michael Zorn, Wiesbaden

Lektorat: Susanne Gugeler, Mering
Umschlagkonzeption: Kontrapunkt, Kopenhagen
Umschlaglayout: Melanie Gradtke

Layout, Zeichnungen, Objekte und Design:
Axel Weiß, Obernbreit

AUGUSTUS VERLAG AUGSBURG 1999

Satz: StonePrint 11 Punkt / Veneto 36 Punkt
Axel Weiß, Obernbreit
Reproduktion: Uhl + Massopust GmbH, Aalen
Druck und Bindung: Appl, Wemding
Gedruckt auf 115 g umweltfreundlich elementar chlorfrei gebleichtes Papier.

ISBN 3-8043-0619-5

Printed in Germany

Vorwort

Fliegen ist faszinierend.

Die Fliegerei hat Menschen schon immer in ihren Bann gezogen, ganz gleich ob man nun Pilot ist, Passagier, Zuschauer oder Modellbauer.

Vielleicht wirkt da auch heute noch der geheimnisvolle Mythos des Fliegens, der schon Leonardo da Vinci oder Otto Lilienthal auf ihre großartigen Einfälle gebracht haben muß. Jeder der beiden besaß das wichtigste Merkmal eines Fluggeräte-Erfinders: den leidenschaftlichen Wunsch, fliegen zu können. Und beide entwickelten, von den faszinierenden Vorlagen in der Natur inspiriert, neue technische Konzepte und probierten sie zunächst an kleinen Modellen aus.

Als Flugmodellbau-Einsteiger befinden Sie sich also in guter Gesellschaft und dürfen erwarten, daß dieses Hobby außer dem handwerklichen Geschick auch die uns allen innewohnende Lust am Erfinden, Ausprobieren und Gestalten fördert.

Beim Bau der Flieger lernen Sie spielerisch, beinahe intuitiv, die physikalischen Grundgesetze kennen, nach denen sich Fluggeräte durch die Luft bewegen. Wählen Sie unter den angebotenen Modellen diejenigen aus, deren Form, Farbe und Funktionsprinzip Ihr Herz höher schlagen läßt.

Experimentieren Sie mit den Vorschlägen in diesem Buch, bis Sie Ihr Traummodell gefunden haben.

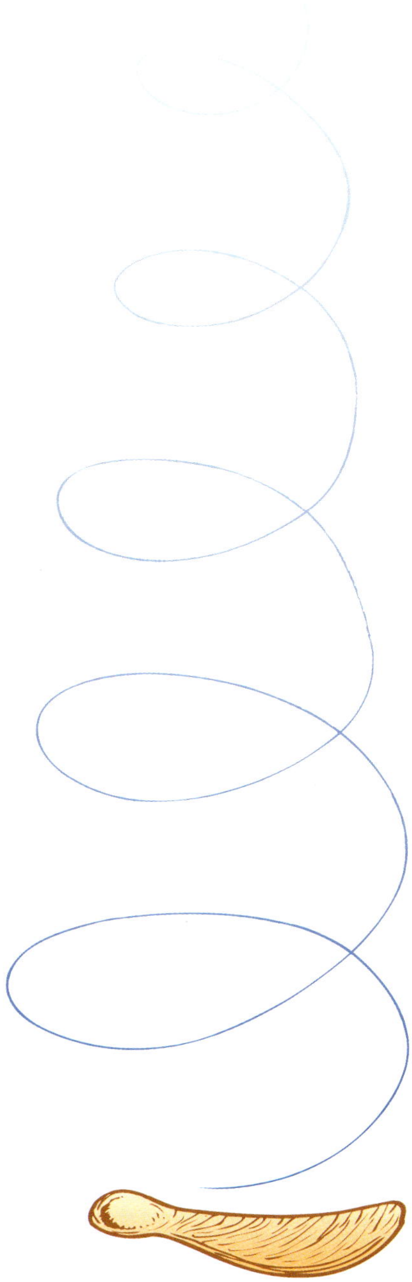

Inhalt

Ponal
express
Holzleim
mit Schnellkraft
UHU
stic
UHU
por
HARTSCHAUM
UHU
ALLES-
KLEBER

Materialien

Die Fluggeräte in diesem Buch bestehen aus einfachen Grundmaterialien: Papier, Karton und Holz.
Das technische Zubehör ist ebenfalls schnell aufgezählt.
Als Trimmgewichte benötigen Sie Büroklammern, Zinndraht oder kleine Stahl- oder Holzkugeln.
Dazu kommen noch Schaschlikstäbchen, Gummiringe, Basthalme und Glasperlen und -stifte, deren Verwendungszweck in der jeweiligen Bauanleitung beschrieben wird.

Werkzeuge

Auch die Modellbauer-Werkstatt ist relativ bescheiden ausgestattet:
Eine Schere, ein Cutter bzw. Klingenmesser, kleine Modellbau-Schraubzwingen, ein paar Nadeln zum Fixieren frisch verleimter Flächen und einfache Malwerkzeuge genügen bereits.
Als Hilfsmaterialien benötigen Sie Alleskleber, Holzleim und Farben.
Sie können sich natürlich auch mehr Werkzeuge anschaffen, wenn Sie Ihre Flieger aufwendiger gestalten wollen, als sie in diesem Buch vorgestellt werden.
Das Ergebnis hängt nur von Ihrer Phantasie und Ihrer künstlerischen Erfahrung im Umgang mit Farben und Gestaltungsmitteln ab.

Gestaltung

Ob Sie nun Wasser-, Tempera- oder Gouachefarben mit dem Pinsel auftragen, bunte Filzstifte benutzen oder Collagen kleben möchten, Ihr Geschick und Ihre Vorstellungskraft bestimmen den ästhetischen Charakter des jeweiligen Flugmodells.

Ziemlich einfach und schnell läßt sich ein gutaussehender Flieger aus farbigen Papieren bzw. Kartons herstellen. Stürzt er ab – und das kann schon öfter mal passieren –, dann schmerzt der Verlust weniger als bei einem hochgestylten Modell, für dessen Bemalung Sie mehrere Tage gebraucht haben.

Manche Pappflieger-Bauer sollen von ihren Lieblingsmodellen sogar immer mindestens zwei baugleiche Ausführungen haben – eine eher schlicht gestaltete, an der sie so lange herumbasteln können, bis sie optimal fliegt, und ein Schaustück, das bestenfalls bei Sonnenschein und günstigstem Wind starten darf.

Imprägnierung

Um die Flugmodelle widerstandsfähiger gegen Feuchtigkeit zu machen und ihre Form zu stabilisieren, kann man sie mit einem dünnen Lacküberzug versehen.
Mit einem Pinsel oder einer Sprühhilfe wird der klare Schlußlack dünn und ganz gleichmäßig aufgetragen.
Dabei sollte man aber aufpassen, denn es gibt hier ein zwingendes Grundgesetz: Weniger ist mehr!
Sie dürfen wirklich nur kleine Mengen an Lack verwenden, sonst werden die Modelle zu schwer. Zudem könnten die Tragflächen ihre Elastizität verlieren oder sich bis zur Fluguntauglichkeit verziehen.
Empfehlenswert zur Imprägnierung sind FCKW-freie Sprays, z.B. Fixierspray oder klarer Spraylack.
Auch beim Farbauftrag gilt: Je mehr Sie Ihre Modelle bemalen, um so schlechter fliegen sie meistens...

Doch lassen Sie sich bitte nicht entmutigen. Nach einigen Versuchen werden Sie den richtigen Kompromiß finden. Dann wird Ihr Lieblingsmodell nicht nur wunderschön aussehen, sondern auch erstklassig fliegen.

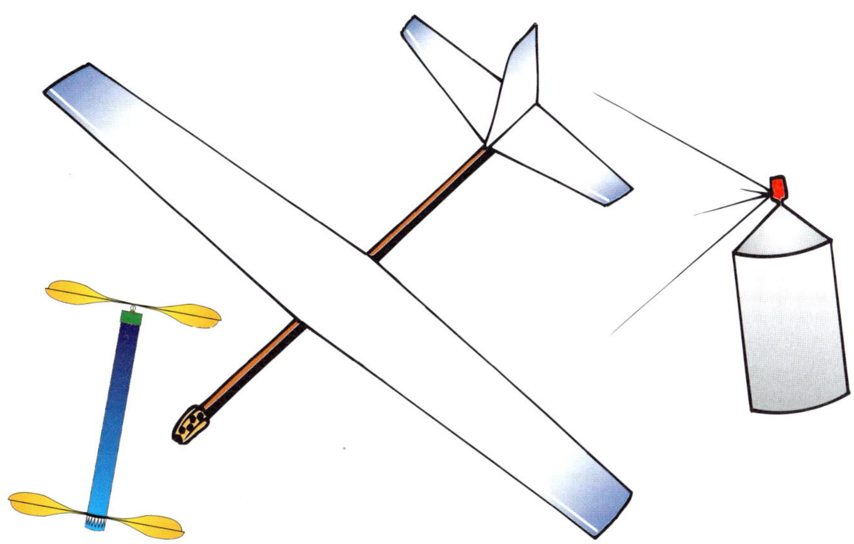

Aerodynamik

„Aerodynamik“ stammt aus dem Altgriechischen und heißt wörtlich übersetzt „Luft-Kraft“.
Aerodynamik ist sozusagen „die Lehre von den Luftkräften“.

Grundsätzlich wirken auf jeden fliegenden Gegenstand die gleichen physikalischen Kräfte ein, die man so zueinander ins Verhältnis setzen kann, daß Flugzeuge eben fliegen und nicht einfach zu Boden fallen – obwohl sie schwerer sind als die umgebende Luft.

Die Flugfähigkeit aller Flugkörper basiert auf einigen Grundgesetzen:

Auftrieb

Dem Gewicht des Fluggerätes wirkt der Auftrieb entgegen.
Die Tragflächen müssen eine bestimmte Größe haben, damit das Fluggerät genügend Auftrieb entwickelt und sich für einige Zeit in der Luft halten kann.

Dieser Auftrieb kommt durch das Zusammenspiel zweier Kräfte zustande, des Drucks auf die Tragflächenunterseite und der Sogwirkung bzw. des Unterdrucks auf der Flügeloberseite.

Die Druckunterschiede entstehen u.a. durch die besondere Form des Flügelprofils. Sie treten allerdings nur dann auf, wenn die Tragflächen von der Luft umströmt werden, und dazu braucht das Flugzeug einen Vortrieb.

Vortrieb

Die hier vorgestellten Flugobjekte erhalten den nötigen Vortrieb, wenn sie beim Start abgeworfen oder von einem Seil- oder Gummi-Motor angetrieben werden.

Der dabei entstehende Auftrieb hält das Fluggerät bis zur Landung in der Luft. Er wirkt der Schwerkraft mit abnehmender Tendenz entgegen – eine lange, gestreckte Flugbahn ist die Folge (= Sinkflug).

Die Dauer dieses Sinkfluges hängt von der Höhe des Startpunktes, von der Stärke und Dauer des An- bzw. Vortriebs, von der Größe der Tragflächen, vom Gewicht und dem Widerstand, den das Fluggerät der anströmenden Luft entgegensetzt, ab.

Widerstand

Fluggeräte sind raffiniert konstruiert. Von oben oder unten gesehen, haben sie eine große Fläche, an der genügend Auftrieb entstehen kann.
Von vorn aber – gegen die Flugrichtung betrachtet – zeigen sie eine nur minimale Querschnittsfläche.
Das muß auch so sein, denn ein Flugzeug mit großer Querschnittsfläche würde von der anströmenden Luft viel stärker abgebremst als eines mit einer kleinen.

Flugbahn

Je flacher die Flugbahn ist, desto langsamer verliert das Flugzeug an Höhe, und desto länger dauert der Gleitflug. Dabei wächst allerdings auch die Gefahr, daß die Flugmodelle immer langsamer werden, die Rumpfnase nach oben heben und schließlich über eine Tragfläche abkippen.

Eine steilere Flugbahn führt zwar zu einer höheren Fluggeschwindigkeit – das Flugmodell bleibt zunächst stabil, aber es verliert auch schnell an Höhe. Am vorteilhaftesten ist die goldene Mitte, die von den folgenden Faktoren bestimmt wird:

Leitwerk

Damit sich die Gleiter in einer bestimmten Bahnhöhe halten können, brauchen sie die kleinen Tragflächen am Ende – das Höhenleitwerk.

Die nach oben ragende „Flosse“ wird Seitenleitwerk genannt, da man damit die seitliche Bewegung des Fliegers steuern kann.

Wichtig für die Flugstabilität eines Gleiters ist auch der richtige Abstand zwischen Seitenleitwerk und Tragfläche. Er liegt zwischen der zwei- und fünffachen Breite der Tragflächen.

Um das Gewicht des Leitwerks auszugleichen und gleichzeitig den Sinkflug stabilisieren zu können, wird ein Gegengewicht an der Fliegernase benötigt.

Tragflächen

Da alle Flug-Gleiter und Flug-Schrauber sehr leicht sein müssen (und leicht zu bauen sein sollen), genügen für den Bau geometrisch einfache Tragflächen, die aus Papier, Karton oder Holz hergestellt werden können.

Helikopter und Gleiter fliegen besser, wenn die Tragflächen unten gerade und an der Oberfläche gewölbt sind. So maximiert sich der gewünschte Sog auf der Flügeloberseite und der Druck auf der Flügelunterseite.

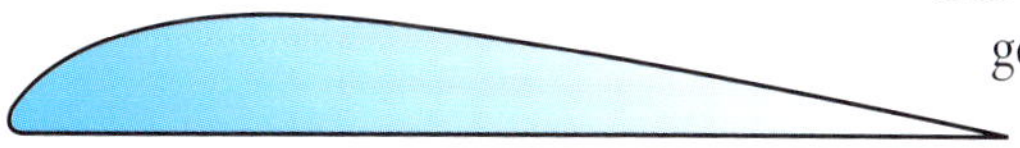

Optimale Voraussetzungen für den Gleitflug hat eine Tragfläche dann, wenn sie bei der Rumpfmontage an der Vorderkante noch etwas angehoben wird.

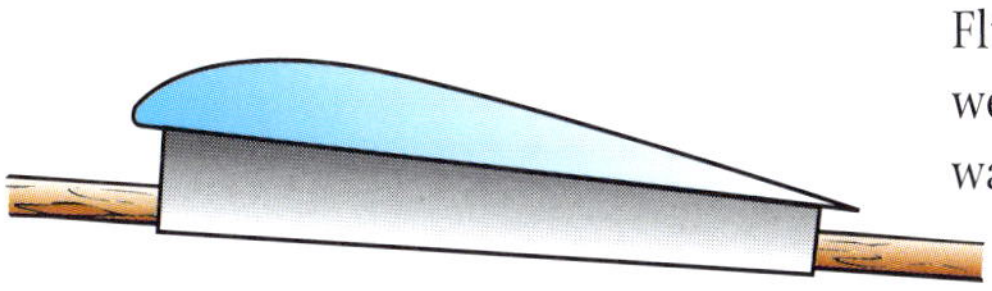

Probieren Sie das Zusammenspiel der einzelnen Komponenten aus, der Winkel zwischen Rumpf und Tragflächenunterseite muß allerdings ziemlich klein bleiben.

Start

Der Startwurf sollte weder zu schwach noch zu stark sein.
Aber das probieren Sie besser selbst aus. Dabei spielen nämlich einerseits die speziellen Eigenschaften des Modells eine Rolle, andererseits aber auch die Lufttemperatur, die Windrichtung und die Struktur der Umgebung.

Grundsätzlich benötigt ein leichter Papiergleiter einen eher sanften, schiebenden Anwurf, ein etwas schwereres Kartonmodell kann dagegen schon einen relativ kräftigen Schub vertragen.

Ein Fall-Drehflügler wird ohne Anschub einfach fallen gelassen, und ein Schraubflügler mit eigenem Antrieb muß in die gewünschte Flugrichtung „hineingehoben" werden.

Die Gleiter sollten immer auf einer geraden oder einer leicht nach unten geneigten Linie mit nur geringer Beschleunigung abgeworfen werden.

Je höher Sie – in bezug auf den Landeplatz – die Abwurfstelle wählen, desto länger dauert der Flug.
Flüge im Freien klappen am besten, wenn es völlig windstill und dazu noch warm und sonnig ist. Die aufsteigende Luft trägt dann den Flieger mit sich nach oben.

Wenn Sie schon etwas Erfahrung mit Ihrem Modell gesammelt haben, können Sie es auch bei schwachem Wind starten, dann aber immer gegen den Wind.

In der Halle wirft man den Flieger in Richtung eines weichen Puffers (Vorhang oder Netz) ab, der ihn auffängt, falls die Bahn nicht am Boden endet.

In jedem Falle sollten Sie beim Abwurf darauf achten, daß Ihre Fluggeräte niemanden ins Auge treffen können, da wegen der metallbeschwerten Fliegernasen und der schnell rotierenden Eigenbewegung der Schraubflügler Verletzungen z. B. am Auge nicht auszuschließen sind.

Trimmung

Bei fast allen Modellen müssen nach den ersten Flugversuchen noch kleine Korrekturen vorgenommen werden, um sie für einen ausdauernden Flug zu optimieren.

Damit das Gewicht an der Fliegerspitze jederzeit richtig angepaßt werden kann, sind bei den meisten Modellen verschiebbare Gewichte oder Kammern für kleine Metallkugeln vorgesehen. Verwenden Sie am besten Stahlkügelchen, statt der im Flugmodellbau üblichen giftigen kleinen Bleikugeln. Aber ***Vorsicht***, wenn kleine Kinder im Hause sind – sie könnten die Kugeln verschlucken!

Steigt ein Gleiter zu schnell nach oben, ist die Nase zu leicht. Das Gewicht der Trimmung muß dann stufenweise so lange erhöht werden, bis sich eine gerade Flugbahn einstellt.
Wenn die Nase zu Beginn schon zu schwer ist, das Fluggerät also gleich nach dem Abwurf nach unten zieht, muß das Gewicht vorne reduziert werden. Je nach Modell heißt das: Büroklammern verschieben, Stahlkügelchen entfernen, Draht kürzen bzw. zugeben oder die Kugel an der Nase verschieben, bis eine stabile, gerade Flugbahn erreicht ist.
Zieht ein Schraubflügler zur Seite weg, müssen seine Rotorblätter exakt horizontal ausgerichtet werden.

Trimmen Sie auf diese Weise Ihre Flieger nach einer Reihe von Testflügen. Und verlieren Sie nicht den Mut – mit etwas Fingerspitzengefühl haben Sie den Dreh schnell heraus.

Fall-Drehflügler

Material & Werkzeug

1 halber Bogen A4-Papier (80g/m²), 1 Strohhalm, 21 cm lang, 1 Schaschlikstäbchen, 18 cm lang, 1 Reißzwecke, 1 silber- oder goldfarbene Wachsperle, 1 cm Ø, Alleskleber, Schere, Cutter, Lineal, Falzwerkzeug (Falzbein o. ä.), Buntstifte

Schneiden Sie die Fall-Drehflügel an den durchgezogenen Linien aus, und falzen Sie die beiden Flügel im rechten Winkel auseinander (gestrichelte Linie).
Gestalten Sie alle Flächen der Fluggeräte nach Ihren Wünschen oder nach den Vorschlägen auf diesen Seiten. Nehmen Sie dazu leichte Farben wie Buntstifte, damit sich die Flügel nicht verziehen.

Flügler 1 (Vorlage 1):
Spalten Sie den Strohhalm längs bis zur Hälfte vorsichtig mit dem Cutter. Mit ein wenig Alleskleber verleimen Sie in diesem Rumpf dann die Unterseite des Modells.

Geben Sie nun einen Tropfen Alleskleber auf die Unterseite der Reißzwecke, und verleimen Sie diese mit der unteren Halmöffnung. Fertig.

Flügler 2 (Vorlage 2):
Verleimen Sie das Schaschlikstäbchen mit der Unterseite des zweiten Modells, indem Sie es mit ein wenig Alleskleber in der geschlitzten Lasche des Rotorblattes fixieren. Die Holzspitze zeigt dabei nach unten.

Stecken Sie dann die Wachsperle von unten auf den Rumpf, bis sie fest sitzt.

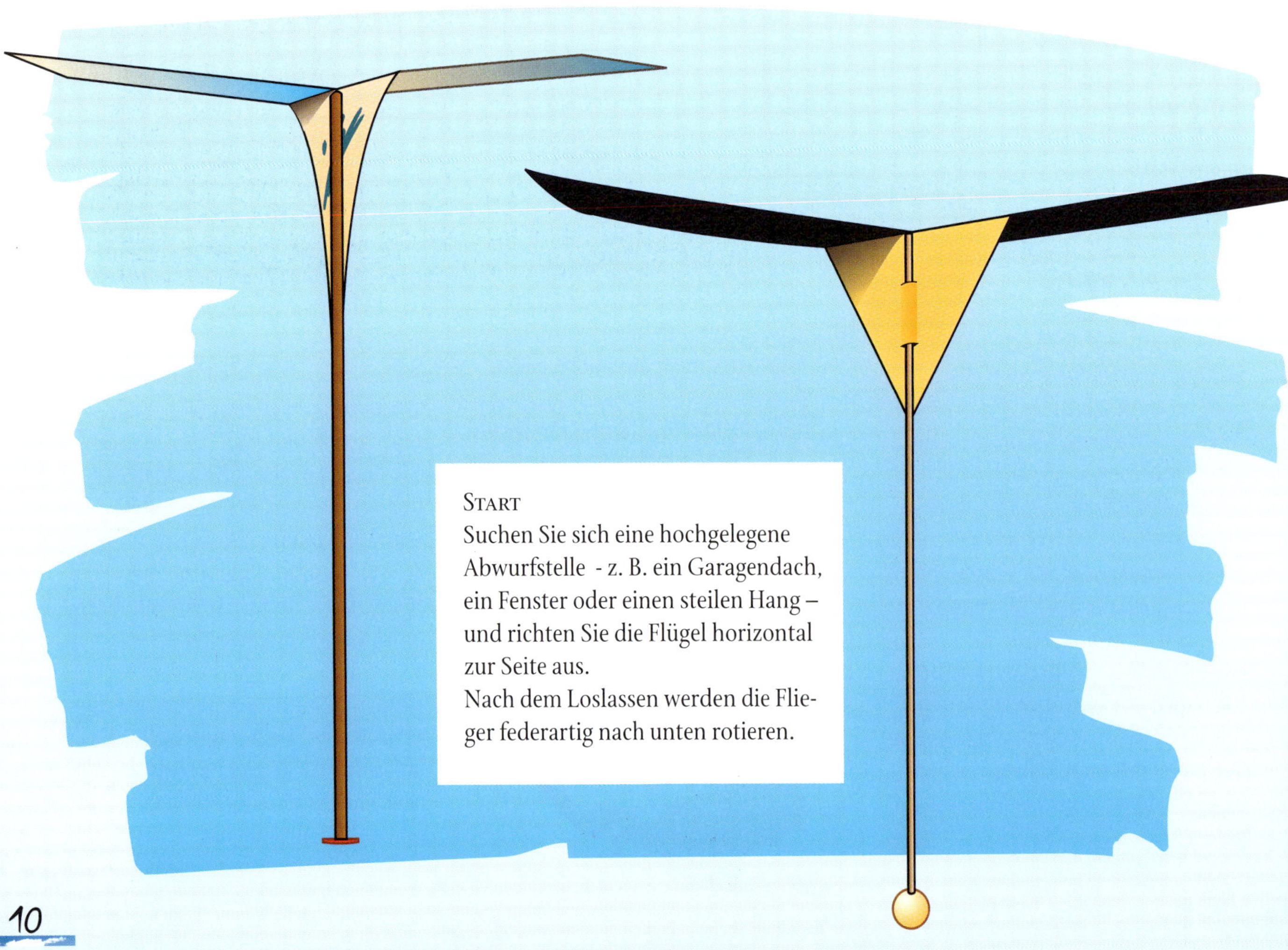

START
Suchen Sie sich eine hochgelegene Abwurfstelle - z. B. ein Garagendach, ein Fenster oder einen steilen Hang – und richten Sie die Flügel horizontal zur Seite aus.
Nach dem Loslassen werden die Flieger federartig nach unten rotieren.

Flügler 1:

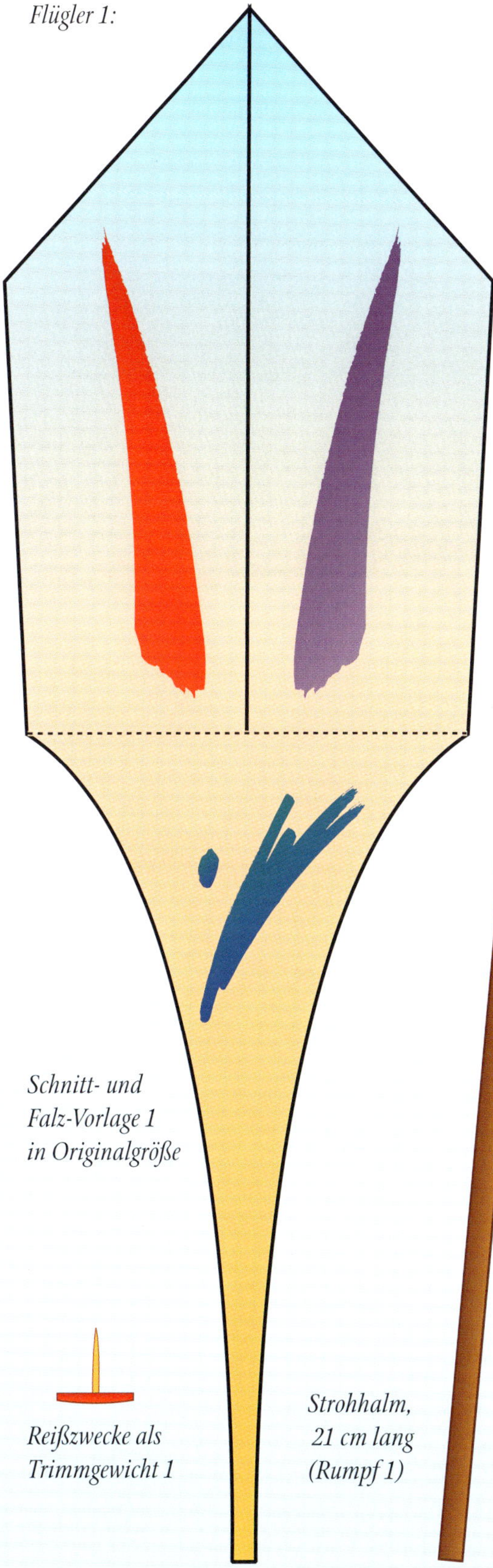

Schnitt- und
Falz-Vorlage 1
in Originalgröße

Reißzwecke als
Trimmgewicht 1

Strohhalm,
21 cm lang
(Rumpf 1)

Flügler 2:

Schnitt- und
Falz-Vorlage 2
in Originalgröße

Schaschlik-
stäbchen,
18 cm lang
(Rumpf 2)

Wachsperle als
Trimmgewicht 2

Schraubflügler mit Hand-Antrieb

MATERIAL & WERKZEUG

Rundholzstab, 20 x 0,6 cm, Holzleiste, 20 x 2 x 0,6 cm, grobe und feine Holzfeile, feines Sandpapier, kleiner Schraubstock, 6 mm-Holzbohrer, Holzleim, Farbe, Klarlack

1

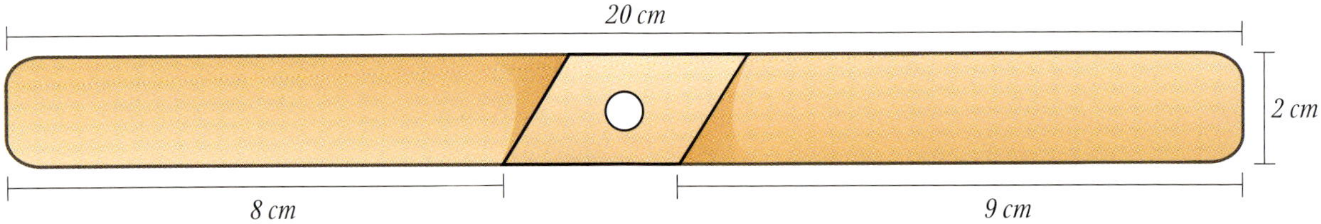

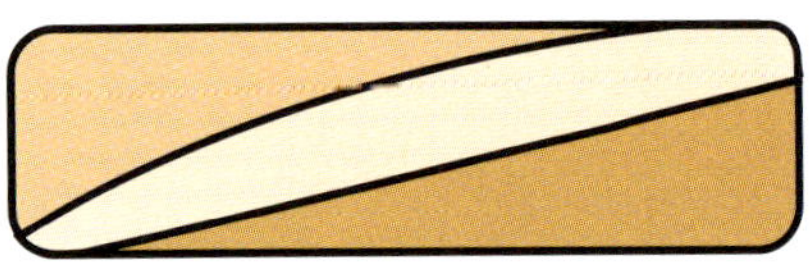

2

Bohren Sie in die Mitte der Holzleiste ein Loch mit 6 mm Durchmesser (Bild 1).

Feilen Sie mit einer Holzfeile zunächst grob das benötigte Profil in die Leiste. Der Bereich um das Loch in der Mitte herum bleibt dabei unverändert. Richten Sie sich bei dieser Profilierung nach den Maßen in Bild 1 und der Profil-Seitenansicht in Bild 2. Schleifen Sie dann das Profil zuerst mit einer feinen Holzfeile und abschließend mit feinem Sandpapier (das Sie vorher um eine kleine Holzleiste wickeln) ganz glatt und an den Ecken gleichmäßig rund (Bild 2). Kleben Sie nun mit etwas Holzleim die runde Achse in der Propeller-Bohrung fest (Bild 3).
Kolorieren Sie das fertige Fluggerät, und versiegeln Sie es mit Klarlack.

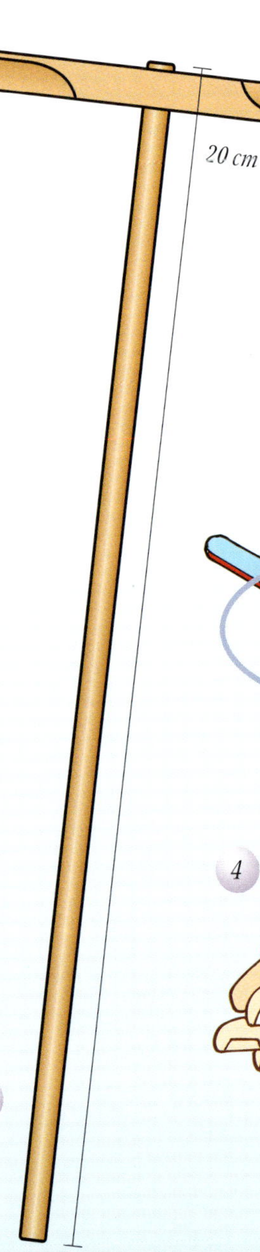

3

Zum Starten nehmen Sie die Achse zwischen die Handflächen. Schieben Sie die rechte Hand kräftig nach vorn, und ziehen Sie die linke Hand gleichzeitig schnell nach hinten (Bild 4). Mit etwas Übung haben Sie bald die optimale Drehzahl heraus, um den Schrauber auf seine maximale Höhe und Flugzeit zu bringen.

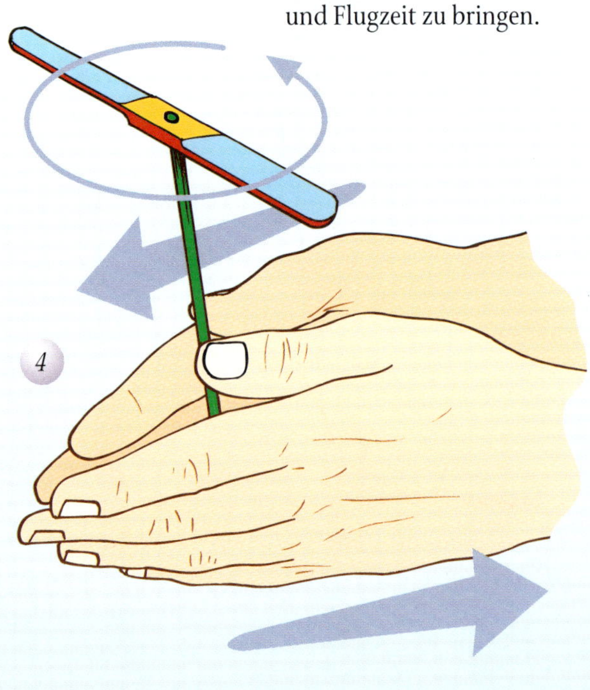

4

Schraubflügler mit Seil-Antrieb

Material & Werkzeug

Schraubflügler von der gegenüberliegenden Seite, eine Papprolle, 21 x 1,5 cm(z. B. Kern einer Faxpapierrolle), Cutter, Rundholzstäbchen, 8 x 0,8 cm, 1 Stück Schnur, ca. 25 x 0,1 cm, 2 mm-Holzbohrer, Farbe, Klarlack

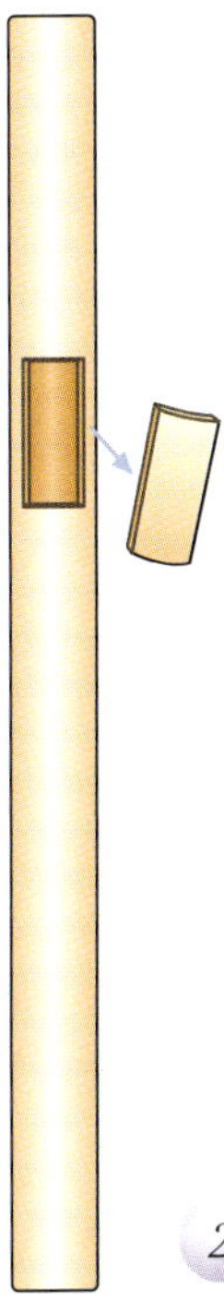

1

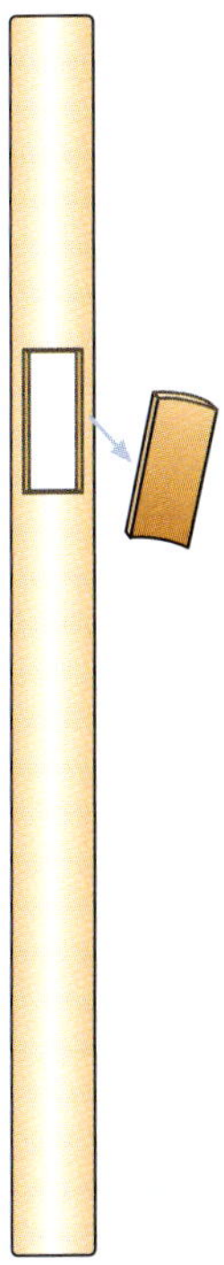

2

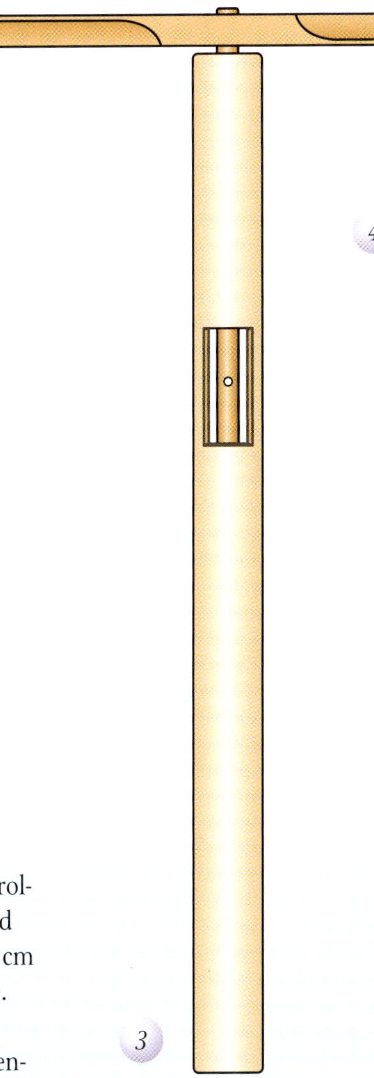

3

Nehmen Sie eine 21 cm lange Papprolle (aus einer Faxrolle) zur Hand, und schneiden Sie mit dem Cutter ein 2 cm großes Fenster in die Röhre (Bild 1).

Schneiden Sie in die gegenüberliegende Seite der Röhre ein weiteres identisches Fenster hinein (Bild 2).

Stecken Sie den Holz-Schraubflügler in die Röhre, und bohren Sie ein Loch mit 2 mm Durchmesser so in die Achse, daß es in der Mitte des Fensters liegt (Bild 3).

Stecken Sie das eine Ende der Schnur in die Achsenbohrung, und wickeln Sie die Schnur auf die Achse, indem Sie diese im Uhrzeigersinn drehen. Befestigen Sie einen kleinen Holzgriff am anderen Schnurende (Bild 4).

4

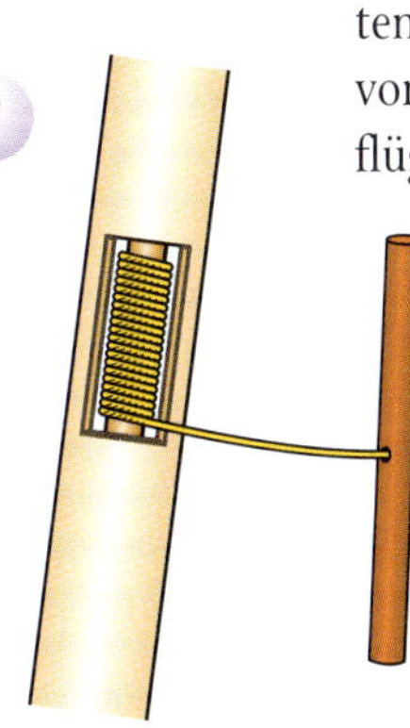

Nehmen Sie den unteren Teil der Röhre in die eine Hand, und halten Sie den Arm gestreckt nach vorn. Starten Sie den Schraubflügler mit einem kräftigen und gleichmäßigen Zug der anderen Hand (am Griff der Schnur) nach hinten (Bild 5).

Der Schraubflügler wird dabei viel stärker als durch die Handroll-Methode beschleunigt. Deshalb ist besondere Vorsicht angebracht!

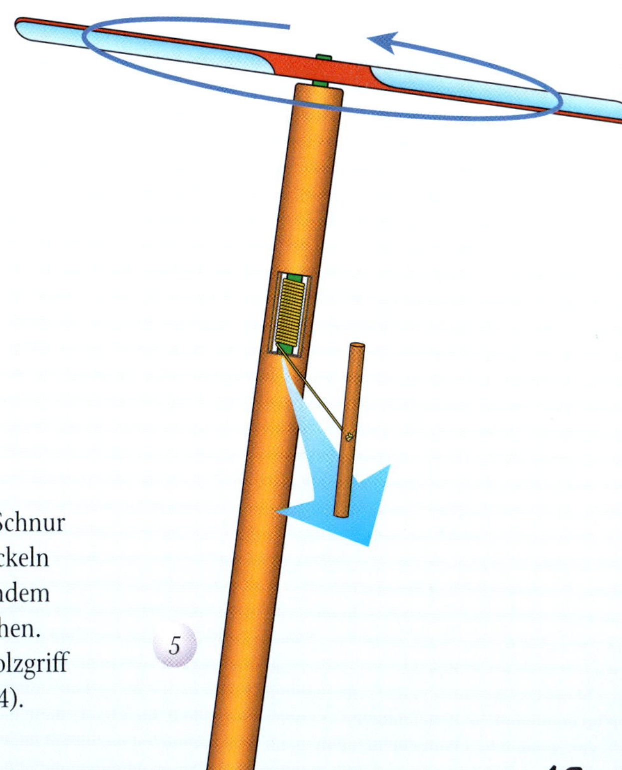

5

Schraubflügler mit Gummi-Antrieb

Material & Werkzeug

1 Bogen Zeichenkarton (170–190 g/m²), Alleskleber, Schere, Cutter, Lineal, Buntstifte, Bleistift, Falzwerkzeug (Falzbein o. ä), Gummiband, ca. 0,4 cm breit und 40 cm lang, 1 Bastelperle, 0,3–0,5 cm, 1 dünne Büroklammer, 1 kleine Metallöse (Führungsloch ein klein wenig stärker als die Büroklammer), 1 Flaschenkorken (2 cm ø), 1 Zahnstocher, Glyzerin

1

2

Schneiden Sie den Rumpf gemäß der Vorlage 1 auf Seite 16 aus dem farbig vorgestalteten Zeichenkarton (Bild 1). Bemalen Sie den Streifen mit Buntstiften, und rollen Sie ihn längs zu einer Röhre, die Sie mit Alleskleber verleimen (Bild 2).

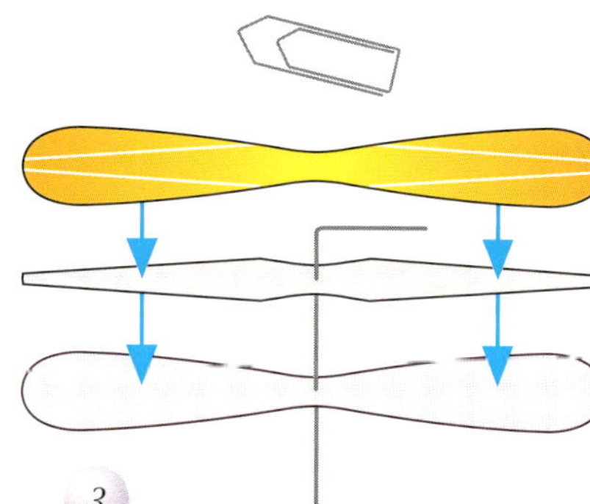

3

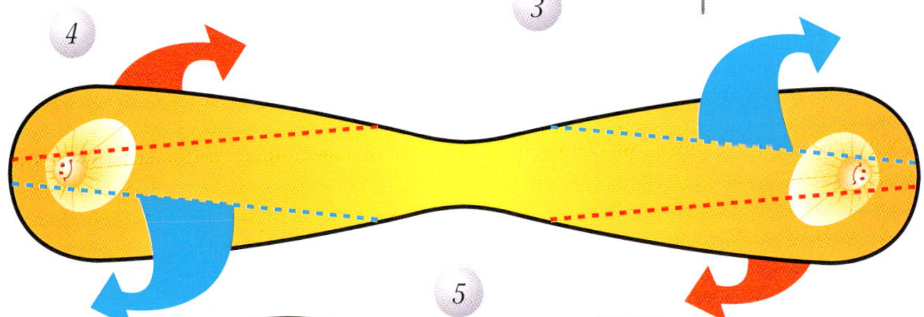

4

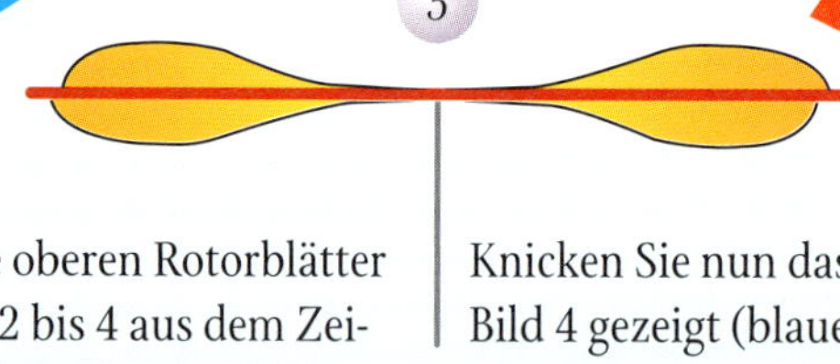

5

Schneiden Sie die oberen Rotorblätter nach der Vorlage 2 bis 4 aus dem Zeichenkarton, und bemalen Sie diese. Biegen Sie eine Büroklammer auf, und schieben Sie den Draht durch die unteren beiden Rotorblätter.
Verleimen Sie das Ganze mit dem Rotordeckblatt (Bild 3).

Knicken Sie nun das Rotorprofil wie in Bild 4 gezeigt (blauer Pfeil biegt an der blauen Linie nach unten, roter Pfeil an der roten Linie nach oben).
Bild 5 zeigt Ihnen die fertige Seitenansicht.

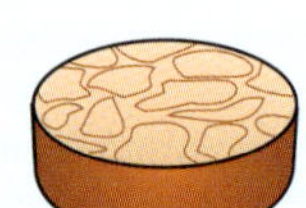

7

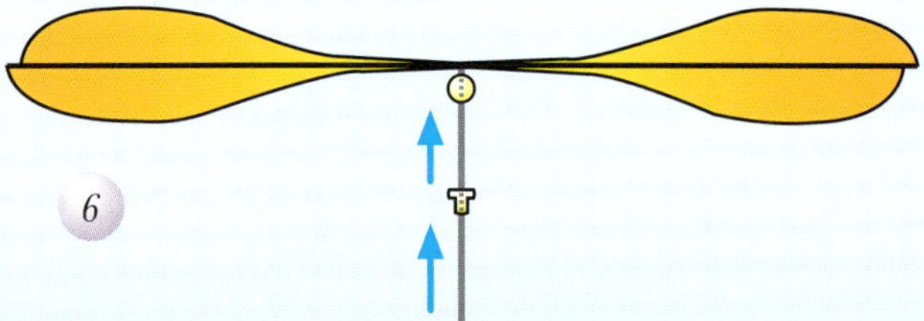

6

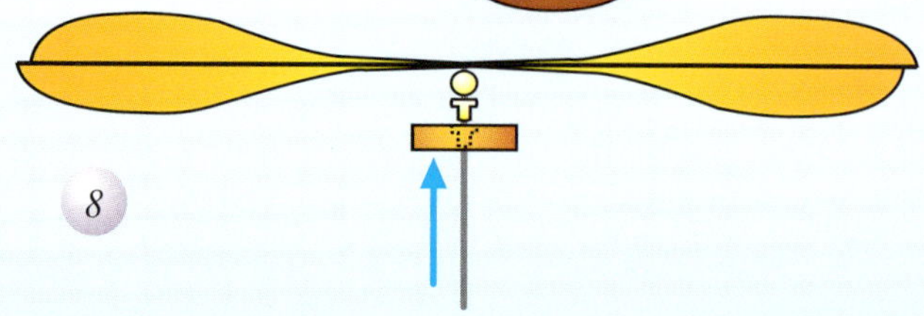

8

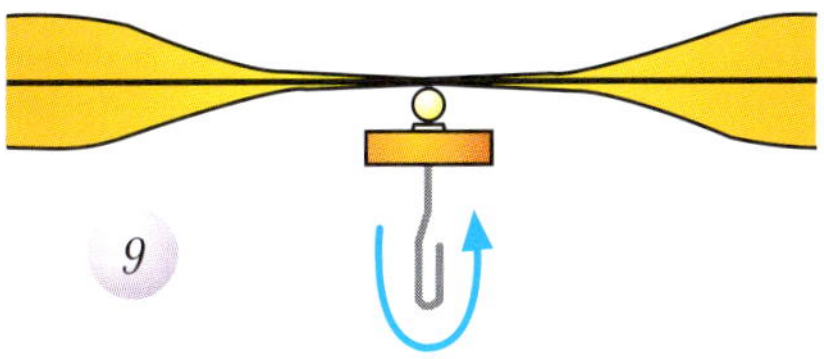

9

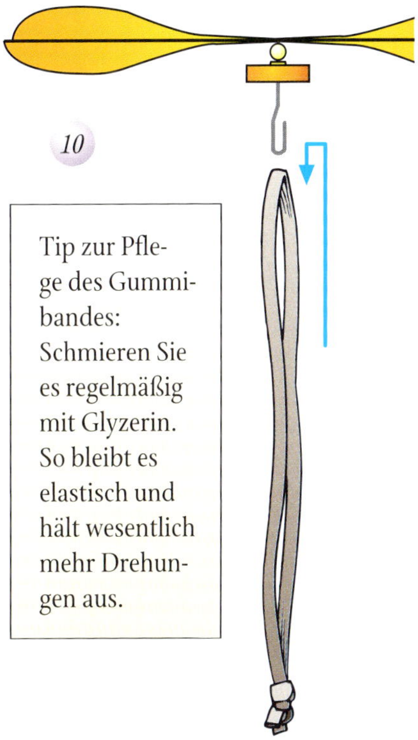

10

Tip zur Pflege des Gummibandes: Schmieren Sie es regelmäßig mit Glyzerin. So bleibt es elastisch und hält wesentlich mehr Drehungen aus.

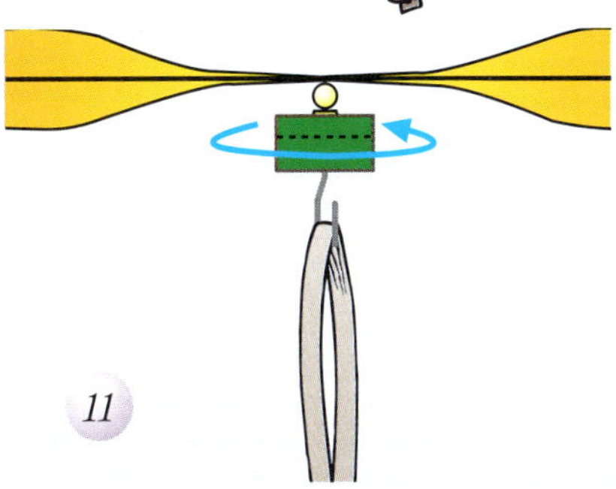

11

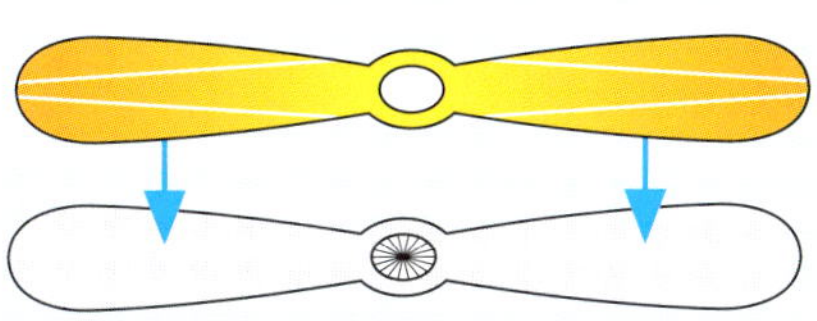

12

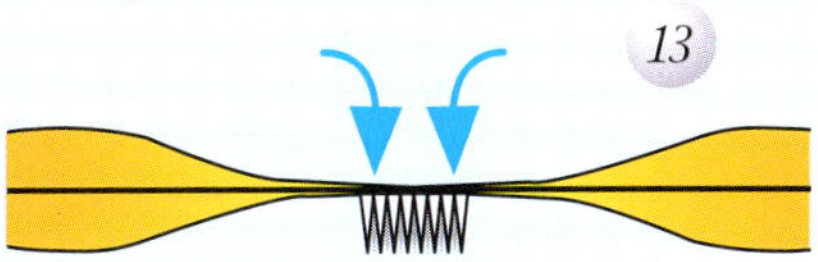

13

Schieben Sie eine kleine Bastelperle und einen passenden Metallstift (Bastelgeschäft) auf die Drahtachse (Bild 6). Der Draht muß sich frei in dem Metallröhrchen drehen können.

Schneiden Sie eine 0,5 cm hohe Scheibe aus einem Flaschenkorken mit 2 cm Durchmesser (Bild 7), und schieben Sie die Scheibe so auf die Achse, daß der Stift fest im Korken sitzt (Bild 8). Stift mit Klebstoff im Korken fixieren.

Biegen Sie die Drahtachse zu einem Haken (Bild 9).

Knoten Sie das Gummiband zu einer Schlaufe, und hängen Sie es in den Achsenhaken ein (Bild 10).

Schneiden Sie einen Streifen nach der Vorlage 5 aus dem Karton, bemalen Sie ihn, und kleben Sie ihn so um den Kork herum fest, daß er oben bündig abschließt und unten übersteht (Bild 11).

Schneiden Sie die unteren Rotorblätter aus dem Karton heraus (Vorlage 6 und 7), bemalen Sie sie, und kleben Sie beide zusammen (Bild 12).

Ritzen Sie mit dem Cutter die Linien in der Mitte des Rotorblattes durch, und drücken Sie mit dem Finger die Klebelaschen heraus (Bild 13).

Kleben Sie das Rotorblatt unten um den Rumpf herum fest (Bild 14). Setzen Sie das durchgetrocknete, obere Rotorblatt auf den Rumpf, hängen Sie das Gummiband in die Achse und ziehen Sie es durch den Rumpf. Stechen Sie zwei kleine, gegenüberliegende Löcher unterhalb des unteren Flügels in den Rumpf, und schieben Sie einen Zahnstocher so durch Rumpf und Gummischlaufe, daß das Gummiband fixiert bleibt (Bild 15).

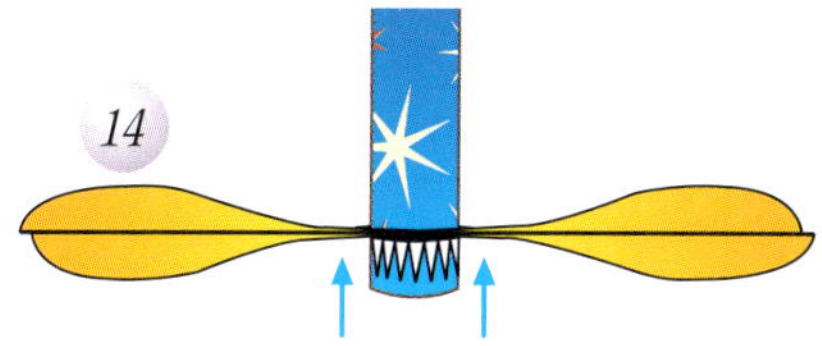

14

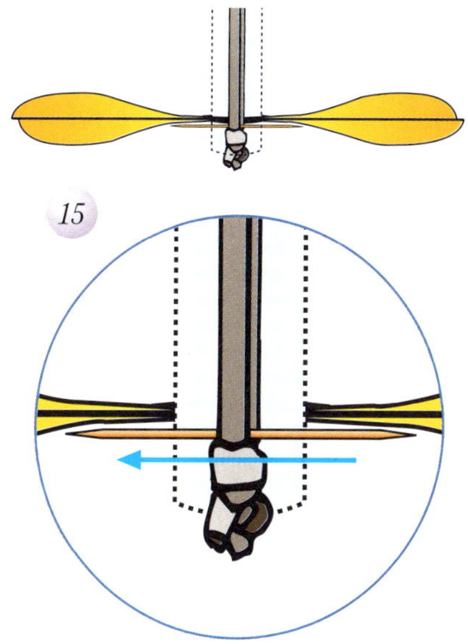

15

Drehen Sie den Rotor 50 bis 100mal links herum auf, halten Sie ihn fest und starten Sie den Schraubflügler mit einem leichten Wurf nach oben (Bild 16).

16

Vorlage 1: Rumpf

(alle Vorlagen in Originalgröße)

Vorlage 5: Streifen der Rotorkapsel

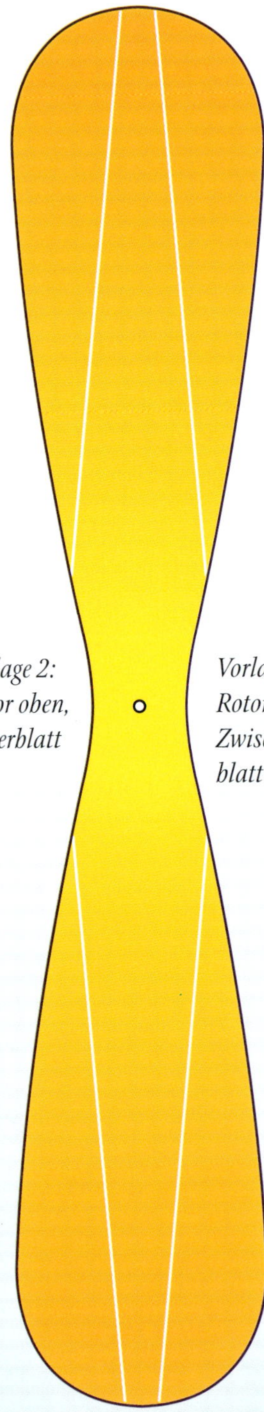

Vorlage 2: Rotor oben, Unterblatt

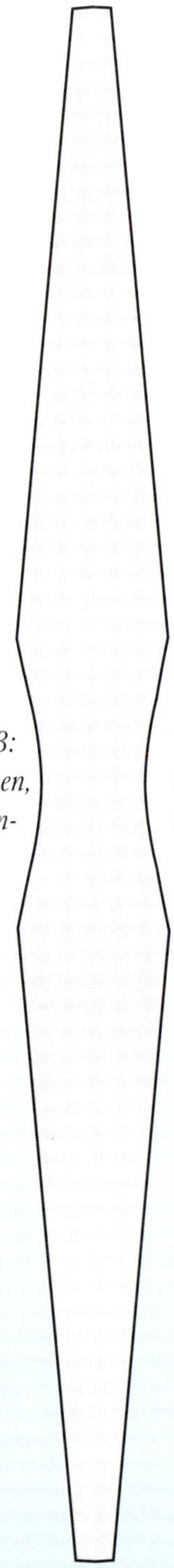

Vorlage 3: Rotor oben, Zwischenblatt

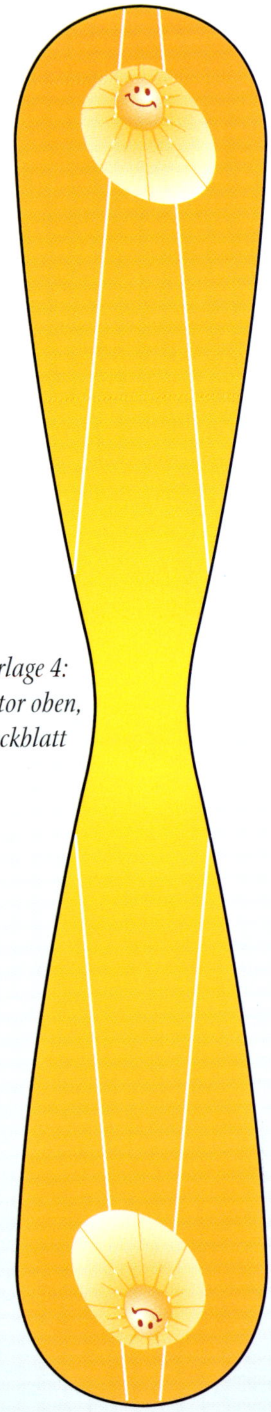

Vorlage 4: Rotor oben, Deckblatt

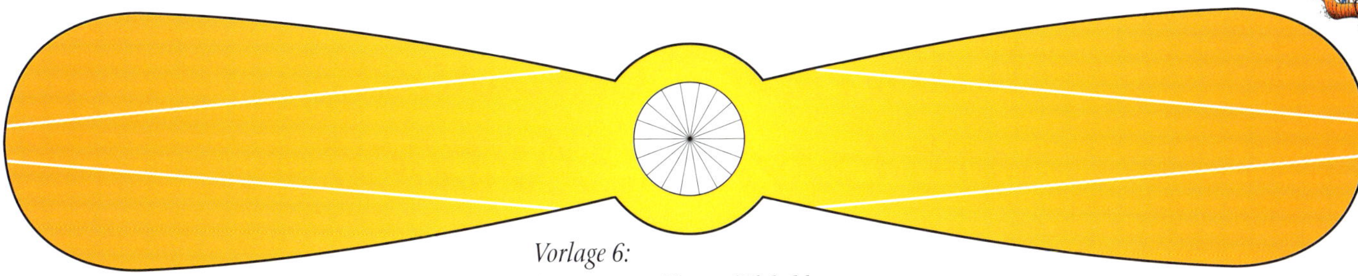

Vorlage 6:
Rotor unten, Unter-/Klebeblatt

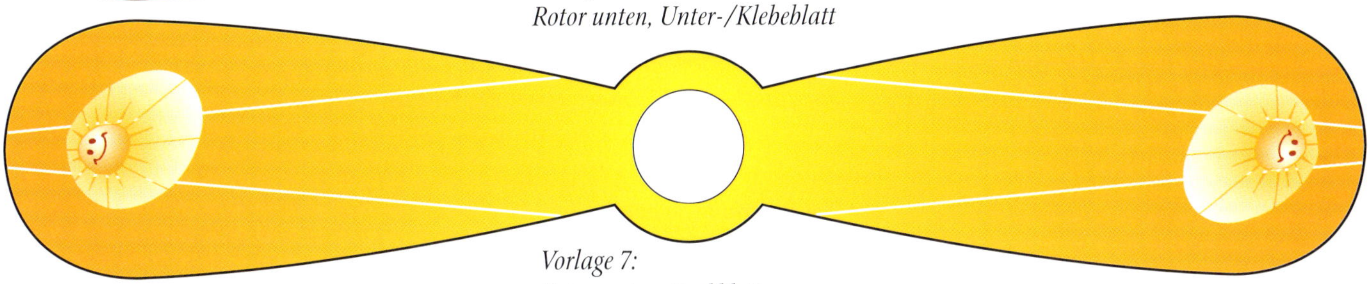

Vorlage 7:
Rotor unten, Deckblatt

Rahmen-Schrauber mit Gummi-Antrieb

Material & Werkzeug

2 Balsaholzleisten, 20 x 2 x 0,6 cm, Hartholzleiste, 38 x 0,5 x 0,5 cm, feine Holzfeile, feines Sandpapier, kleiner Schraubstock, 1 mm- und 2 mm-Holzbohrer, Holzleim, Alleskleber, Glasperle, 3–5 mm ø, Glasstift, 2 mm ø (Bastelgeschäft), Stahldraht, 1 mm dick, 3–6 starke Gummiringe, feine Rundzange, feine Eisensäge, etwas Zeichenkarton, Glyzerin, Farbe, Klarlack

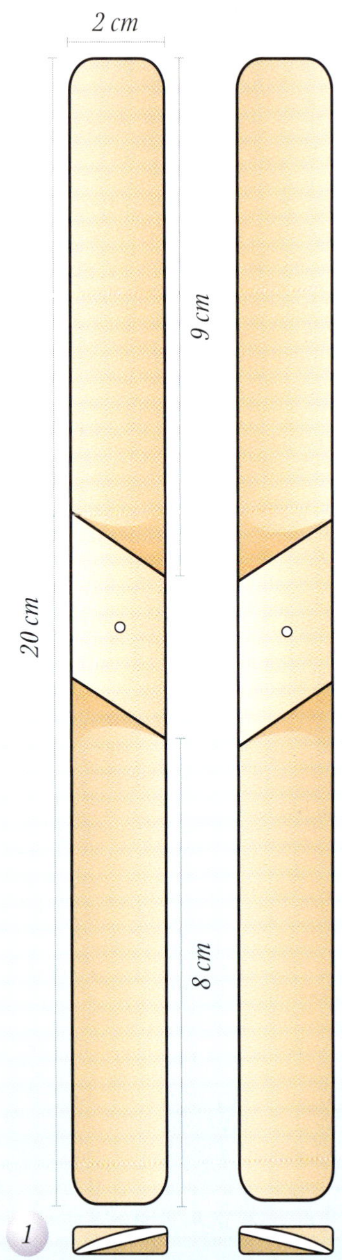

Feilen Sie mit einer feinen Holzfeile das gleiche Profil wie beim Schraubflügler auf Seite 12 in eine der beiden Balsaholzleisten. Profilieren Sie die andere Leiste genau umgekehrt (siehe Seitenansicht in Bild 1), und feilen Sie beide Leisten glatt (Bild 1).
Bohren Sie dann ein Loch mit 1 mm Durchmesser in die Mitte jeder Leiste.

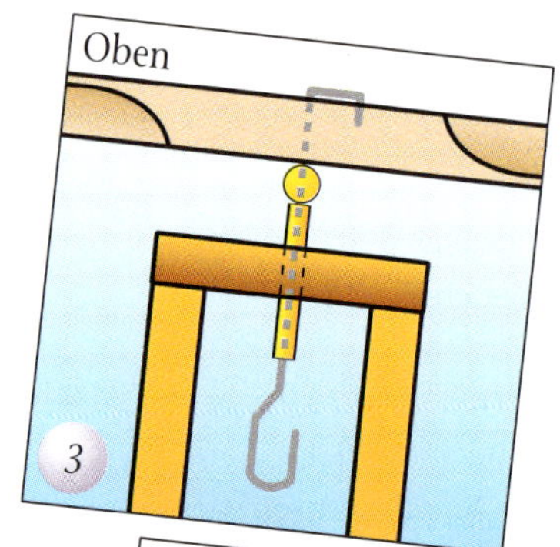

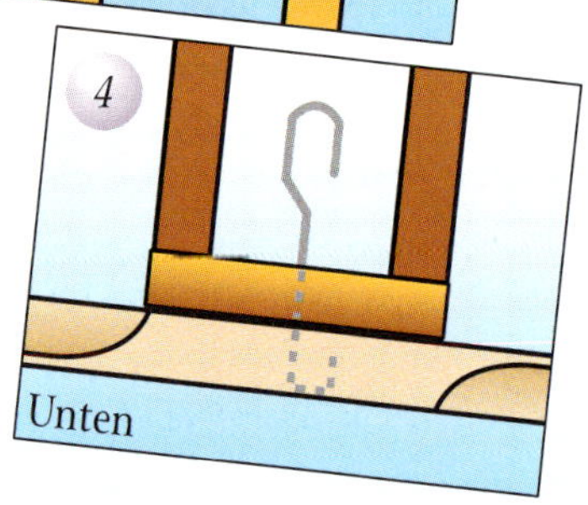

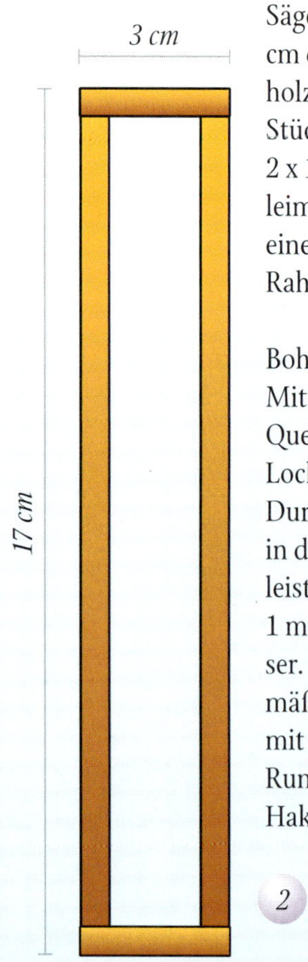

Sägen Sie die 0,5 cm dicke Hartholzleiste in vier Stücke, (2 x 3 cm, 2 x 16 cm) und leimen Sie daraus einen schmalen Rahmen (Bild 2).

Bohren Sie in die Mitte der oberen Querleiste ein Loch mit 2 mm Durchmesser und in die untere Querleiste ein Loch mit 1 mm Durchmesser. Formen Sie gemäß Bild 3 und 4 mit einer feinen Rundzange zwei Haken aus dem Stahldraht.

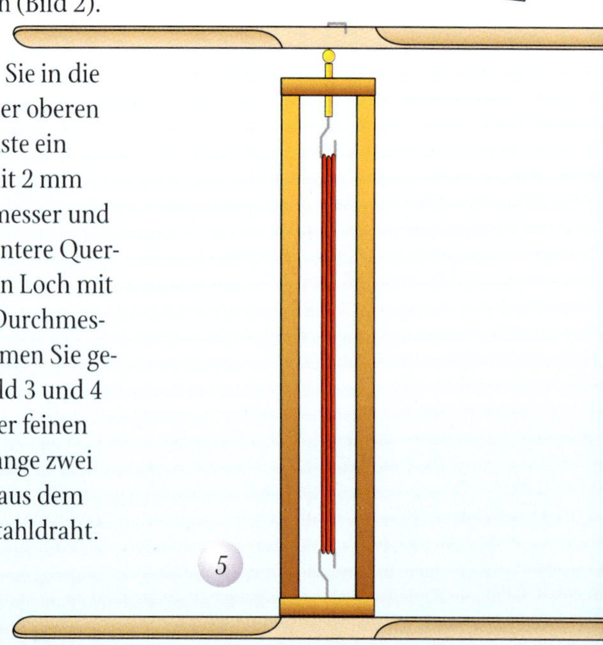

Kleben Sie den Glasstift in die Bohrung der oberen Querleiste, und führen Sie den oberen Drahthaken von unten durch die Stiftführung. Fädeln Sie eine Glasperle auf das herausragende Drahtende und schieben Sie darüber das erste Rotorblatt. Biegen Sie den Draht genau 90° um die Flügelmitte (Bild 3), so daß er in einer Probedrehung den Rotor horizontal mitbewegt.
Kleben Sie das gegenläufige Rotorblatt mit Holzleim mittig an die untere Querleiste, und fixieren Sie den Altehaken, wie in Bild 4 gezeigt, mit einem Gegenhaken im Flügelholz.

Der Antrieb dieses anspruchsvolleren Helikopter-Modells besteht aus drei bis sechs kräftigen Gummiringen, die Sie zwischen die Haken einhängen (Bild 5).
Sie erhöhen die Haltbarkeit des Motors erheblich, wenn Sie die Gummiringe mit etwas Glyzerin einreiben. Wiederholen Sie diese Prozedur am besten von Zeit zu Zeit.

Stabilisieren Sie den Rahmen mit Zeichenkarton-Ecken, die Sie mit einem Alleskleber anbringen (Bild 6).

Gestalten Sie dieses Fluggerät nach Lust und Laune, indem Sie den Rumpf z.B. mit einem bemalten Stück Papier oder Zeichenkarton bekleben. In den Bildern 7 bis 9 sehen Sie einige Vorschläge zum Design einer solchen Rumpfverkleidung.
Achten Sie aber darauf, daß das Gesamtgewicht des Schraubflüglers nicht zu schwer wird. Das Modell sollte am Schluß nicht mehr als 12 bis 13 Gramm auf die Briefwaage bringen.

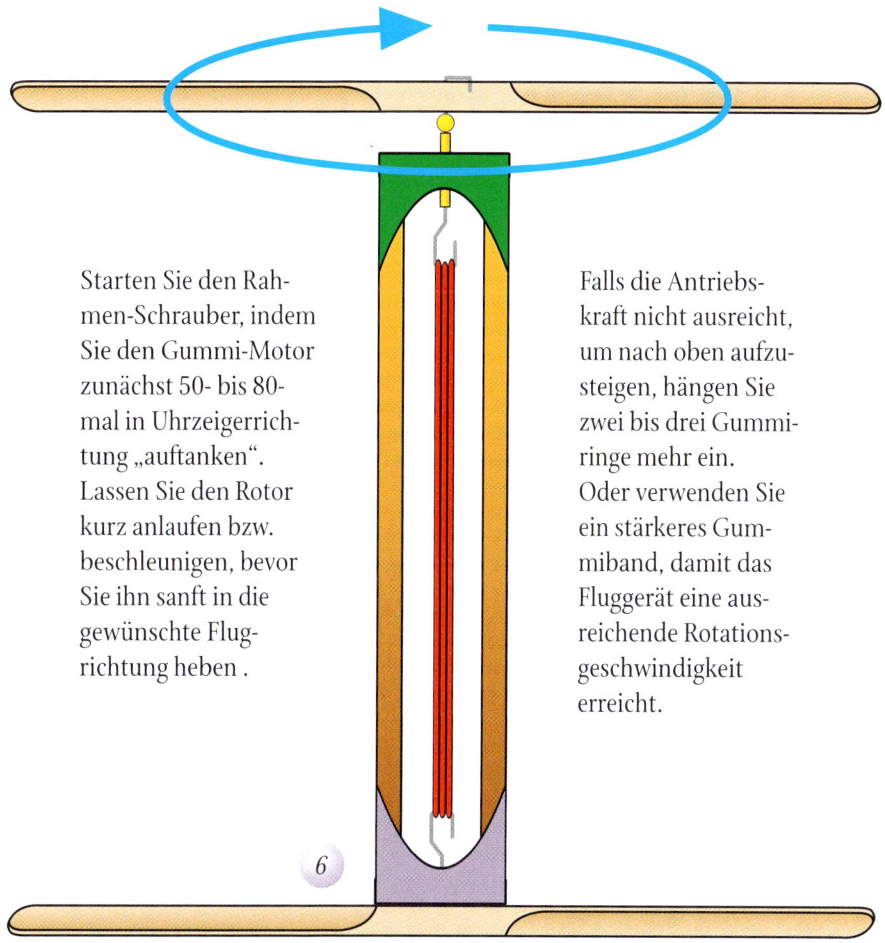

6

Starten Sie den Rahmen-Schrauber, indem Sie den Gummi-Motor zunächst 50- bis 80-mal in Uhrzeigerrichtung „auftanken“. Lassen Sie den Rotor kurz anlaufen bzw. beschleunigen, bevor Sie ihn sanft in die gewünschte Flugrichtung heben.

Falls die Antriebskraft nicht ausreicht, um nach oben aufzusteigen, hängen Sie zwei bis drei Gummiringe mehr ein. Oder verwenden Sie ein stärkeres Gummiband, damit das Fluggerät eine ausreichende Rotationsgeschwindigkeit erreicht.

7 8 9

Propellerbahn

Material & Werkzeug

Balsaholzleiste, 32 x 0,8 x 0,8 cm, Hartholzleiste, 6 x 0,7 x 0,4 cm, 1 mm-Holzbohrer, Holzleim, Alleskleber, 2 Glasperlen, 3–5 mm ø, Stahldraht, 1 mm dick, starkes Gummiband, 28 x 0,4 x 0,1 cm, feine Rundzange, etwas Papier oder Zeichenkarton, 1 Propeller (aus dem Bastelgeschäft), ca. 16 cm lang, ca. 50 m Nylon- bzw. Drachenschnur, 1–2 mm ø, Plastik-Strohhalm, Glyzerin, Farbe, Klarlack

1

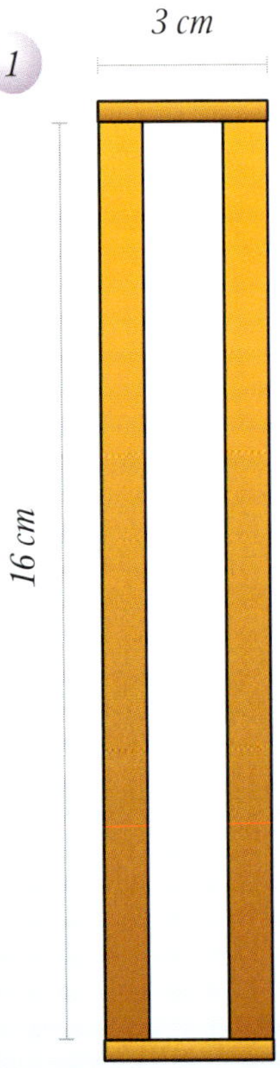

Leimen Sie mit Holzleim einen Rahmen. Verwenden Sie dazu zwei 16 cm lange Stücke der Balsaholzleiste und zwei 3 cm lange Stücke der Hartholzleiste (Bild 1).

Formen Sie mit einer feinen Rundzange zwei Haken aus Stahldraht (Bild 2).
Bohren Sie in die Mitte der beiden Querleisten jeweils ein Loch mit 1 mm Durchmesser.

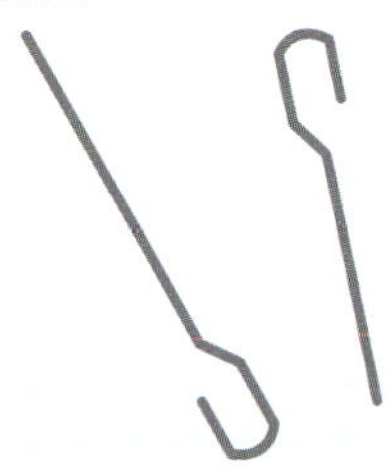

2

Führen Sie einen Haken durch die Bohrung der oberen Querleiste, und fädeln Sie zwei Glasperlen auf das herausragende Drahtende (Bild 3).
Schieben Sie den fertigen Propeller darüber (Bild 3).

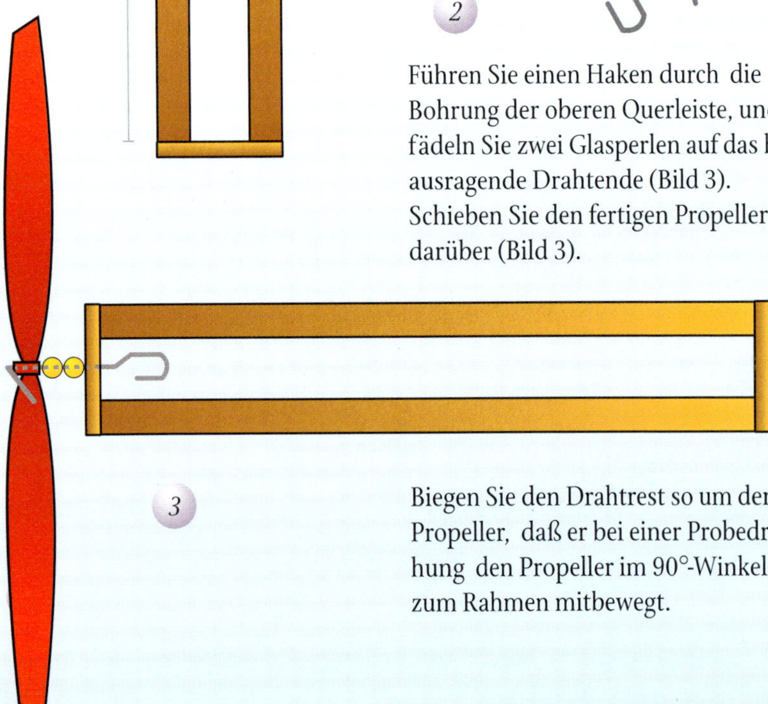

3

Biegen Sie den Drahtrest so um den Propeller, daß er bei einer Probedrehung den Propeller im 90°-Winkel zum Rahmen mitbewegt.

Führen Sie den anderen Haken durch die Bohrung in der unteren Querleiste, und fixieren Sie ihn mit etwas Holzleim im Holz.
Hängen Sie den Antriebsgummi zweilagig in die beiden Haken ein (Bild 4).

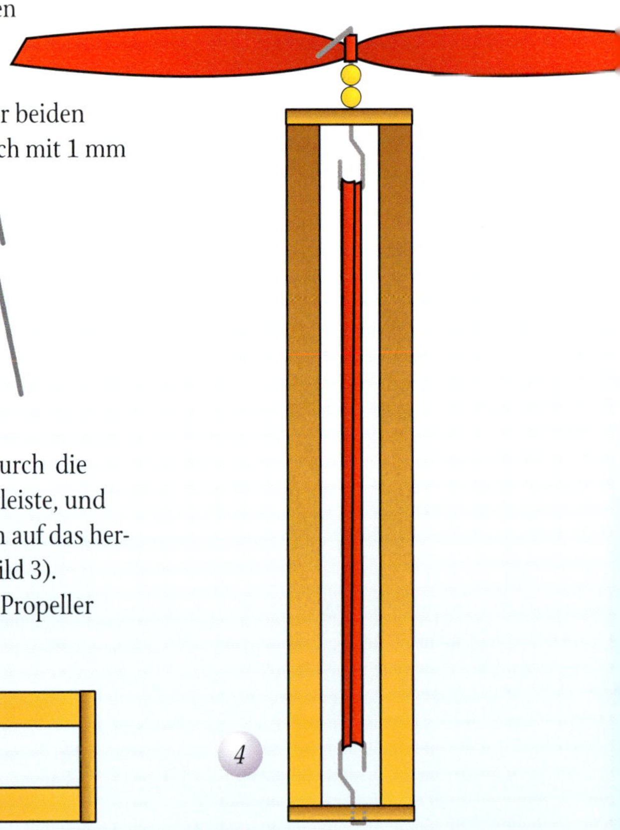

4

Tragen Sie vorher etwas Glyzerin auf das Gummiband auf, damit es elastisch bleibt und sich maximal aufdrehen läßt.

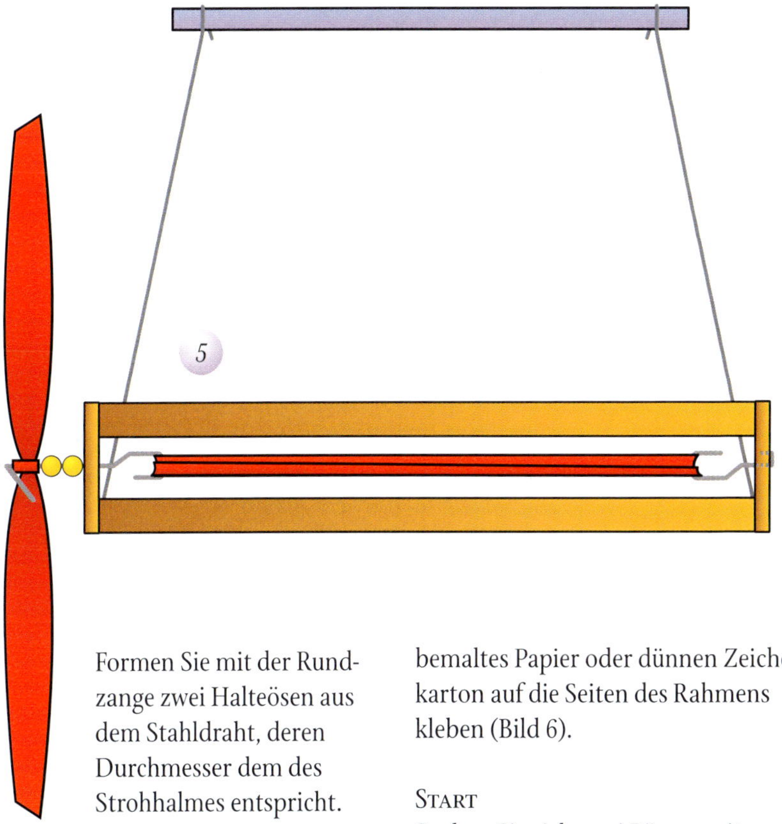

5

Formen Sie mit der Rundzange zwei Halteösen aus dem Stahldraht, deren Durchmesser dem des Strohhalmes entspricht.

Fixieren Sie den Draht mit den Ösen im Balsaholz-Rahmen, und führen Sie den Strohhalm in die beiden Ösen ein (Bild 5). Biegen Sie die Ösen mit der Zange noch etwas zu, damit sie den Halm ganz fest umschließen.
Geben Sie Ihrer Propellerbahn ein ungewöhnliches Outfit, indem Sie bemaltes Papier oder dünnen Zeichenkarton auf die Seiten des Rahmens kleben (Bild 6).

Start

Suchen Sie sich zwei Bäume mit einem Abstand von 20 bis 50 Metern. Fädeln Sie das Fluggerät mit dem Halm auf die Nylonschnur, und binden Sie die Schnur zwischen den Bäumen fest.
Ziehen Sie den Propeller gegen die Schraubrichtung auf, und lassen Sie das Flugobjekt los.

Variationen

Spannen Sie die Schnur hangaufwärts.
Ziehen Sie zwei oder mehrere Bahnen.
Sie können anstatt der Bäume auch Spannpflöcke verwenden, die Sie in den Boden schlagen.
Montieren Sie in Höhe der Propellerachse jeweils eine Fahrradklingel an das Ende der Bahn. Auf diese Weise können Sie mit Kindern spannende Schnurbahn-Rennen starten (Bild 7).
Der Gewinner klingelt zuerst.
Es wird das Modell mit der größten Stabilität, der stärksten Antriebskraft und dem geringsten Gewicht sein.

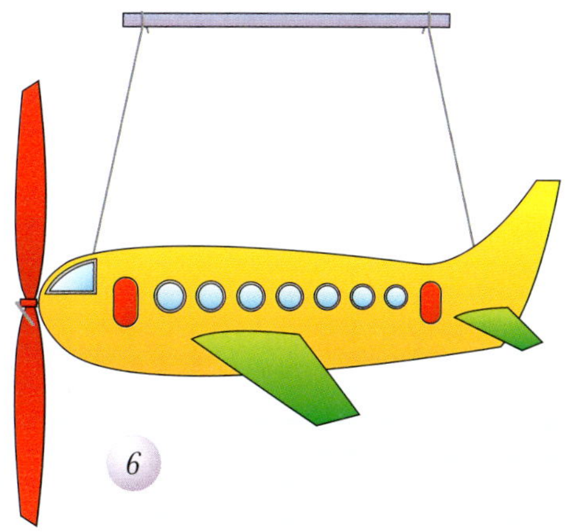

6

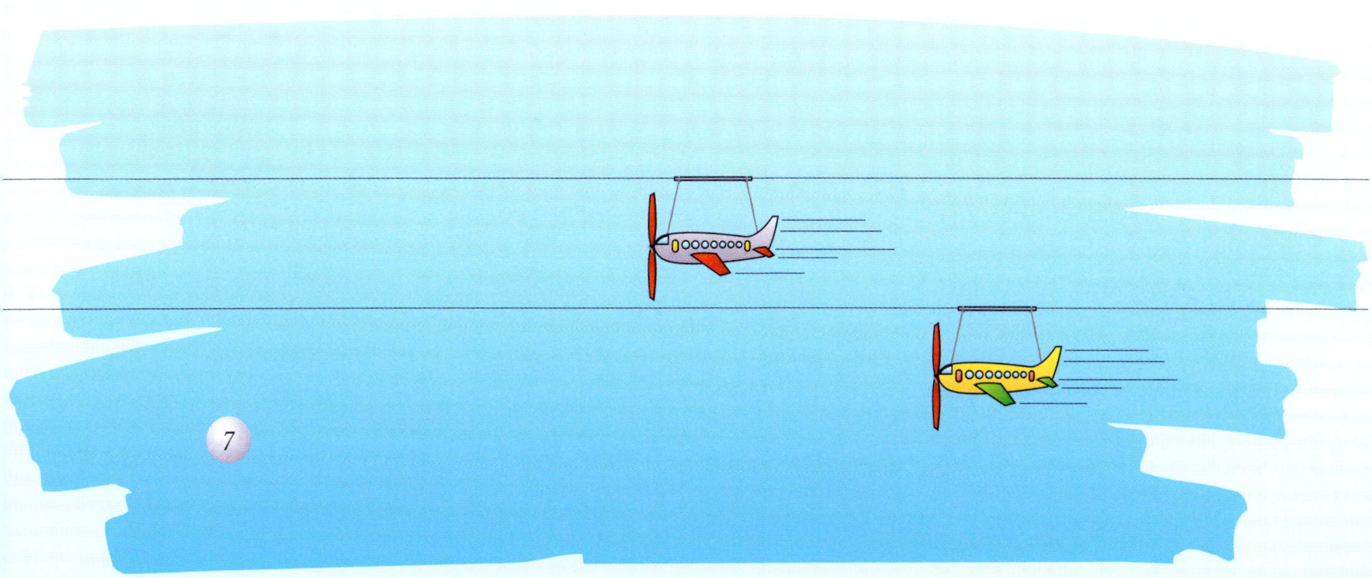

7

Tandemflügler

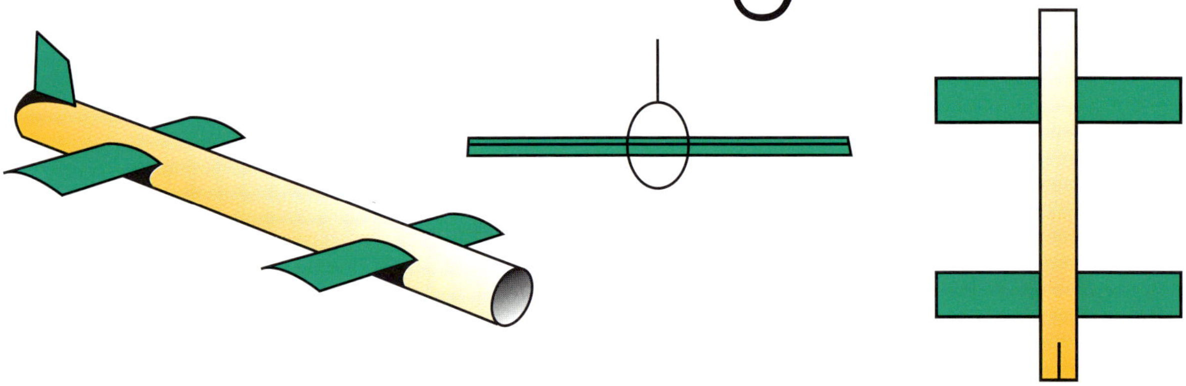

Material & Werkzeug

2 Bogen verschiedenfarbiges Tonpapier, A4 (90–110 g/m²), Alleskleber, Schere, Cutter, Lineal, Falzwerkzeug (Falzbein o. ä.), Pinsel und Farbe, 1 bis 3 Büroklammern

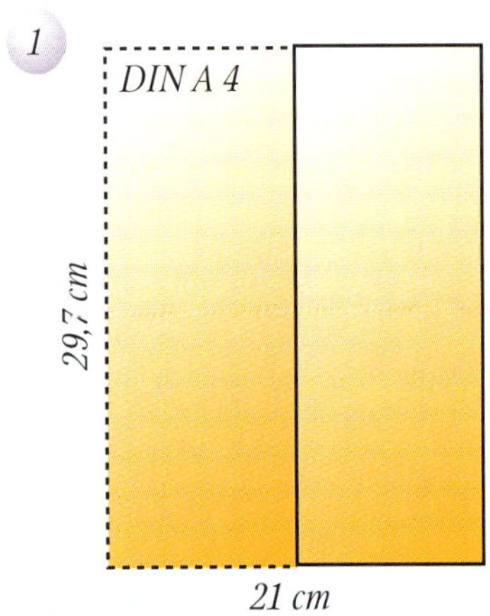

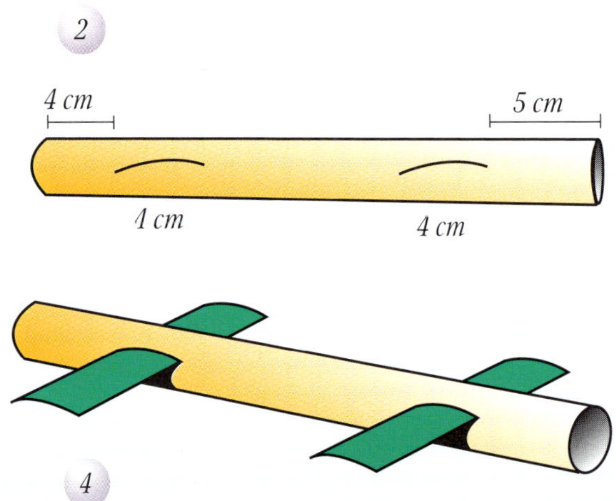

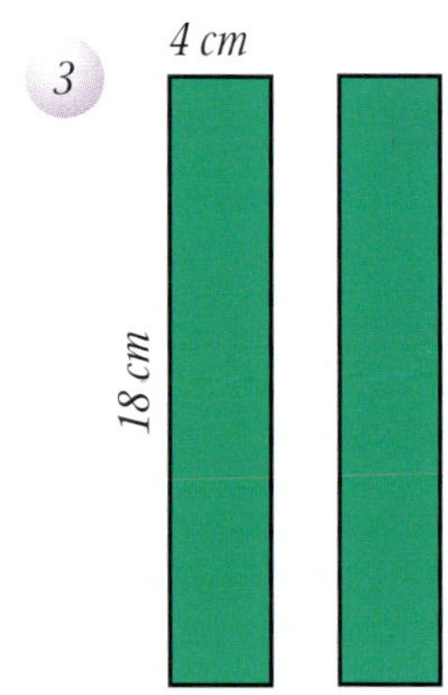

Den ersten Papierbogen mit dem Cutter der Länge nach in zwei Hälften schneiden (Bild 1).

Eine Hälfte längs zu einer Röhre rollen, Klebstoff auftragen und auf ca. 1 cm Breite zusammenkleben.
Mit dem Cutter zwei gebogene Linien (4 cm lang) an den in der Zeichnung 2 gezeigten Stellen in die Röhre einritzen.
Dabei Cutter und Röhre auf der Unterlage aufstützen, so daß die Röhre in der Mitte flach gedrückt wird.

Auf diese Weise ritzen Sie die Schnitte auch gleich in die gegenüberliegende Rumpfseite mit ein.

Schneiden Sie nun zwei 18 x 4 cm große Tragflächen aus dem zweiten Farbpapier aus (Bild 3).

Schieben Sie die Tragflächen jeweils mittig in die vorbereiteten Rumpfschlitze (Bild 4).

Für das Seitenleitwerk gemäß Vorlage (Seite 46) zwei gleich große Flächen ausschneiden und das untere Viertel jeweils nach außen knicken (Bild 5). Kleben Sie die beiden Flächen zusammen, und bestreichen Sie die abstehenden Laschen an der Oberseite mit Klebstoff.

Schneiden Sie mit der Schere einen 4 cm langen Schlitz in das hintere Rumpfteil, schieben Sie das Leitwerk hinein, und drücken Sie die feuchten Klebeflächen innen am Rumpf fest (Bild 6).

6

Schieben Sie als Trimmgewicht ein oder zwei Büroklammern auf die Nase des Fliegers. Sie können ihn präzise trimmen, indem Sie die Büroklammern bei Bedarf ein Stück nach vorn ziehen bzw. nur mit einer Klammer auskommen (Bild 7).

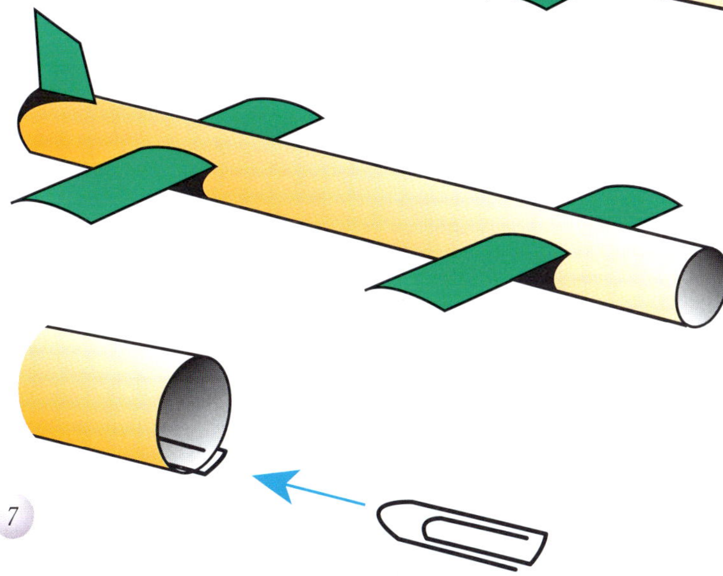

7

Schmücken Sie die grünen Teile mit gelben Farbtupfern, Strichen oder Kombinationen aus Strichen und Tupfern.
Die gelben Teile gestalten Sie dann analog mit grünen Tupfern und Strichen (Bild 8).
Natürlich können Sie auch ganz andere Papierfarben und Gestaltungsmittel einsetzen. Der Vorschlag auf dieser Seite sollte nur als Anregung dienen.

8

START
Nehmen Sie die Mitte des Rumpfes zwischen den Daumen und den etwas angewinkelten Zeigefinger der Wurfhand. Werfen Sie den Flieger mit leichter Beschleunigung in die gewünschte Flugrichtung.

Sechsflügler

Material & Werkzeug

2 Bogen verschiedenfarbiges Tonpapier, A4 (90–110 g/m²), Alleskleber (Tube und Stift), Cutter, Lineal, dünner Holzstab, Bleistift, Pinsel und Farbe, 1 bis 3 Büroklammern

1

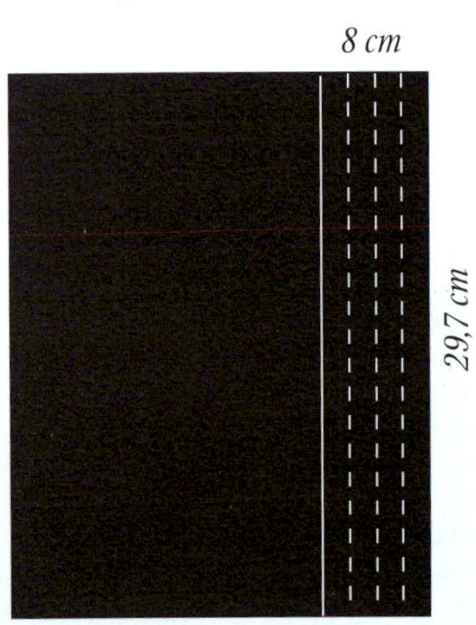

DIN A 4

Trennen Sie einen 8 cm breiten Streifen vom ersten Papierbogen mit dem Cutter längs ab. Diesen Streifen ritzen Sie dann alle 2 cm mit Hilfe des Lineals und des Cutters der Länge nach leicht ein, so daß drei Falzrillen im gleichen Abstand entstehen (Bild 1).

2

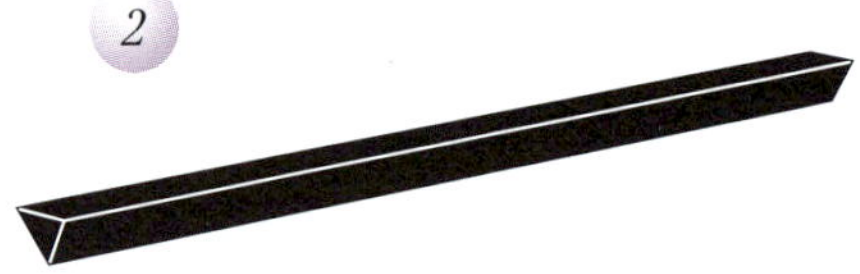

Knicken Sie alle vier Flächen um, und verkleben Sie die erste mit der letzten (Bild 2).
Mit einem dünnen Holzstab drücken Sie dann die Klebeflächen im Inneren des schmalen Rumpfes zusammen, bis sie angetrocknet sind.

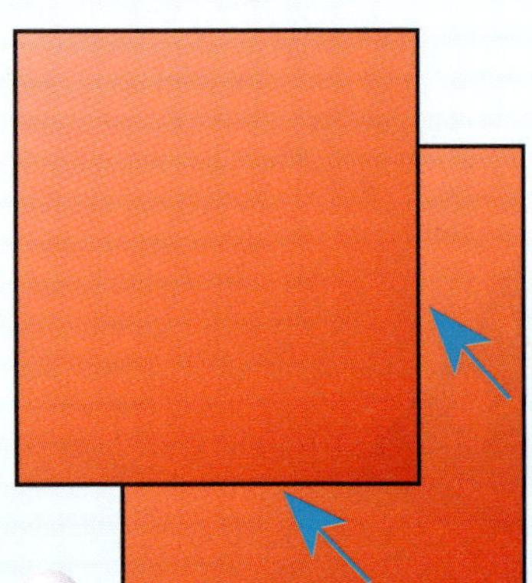

3

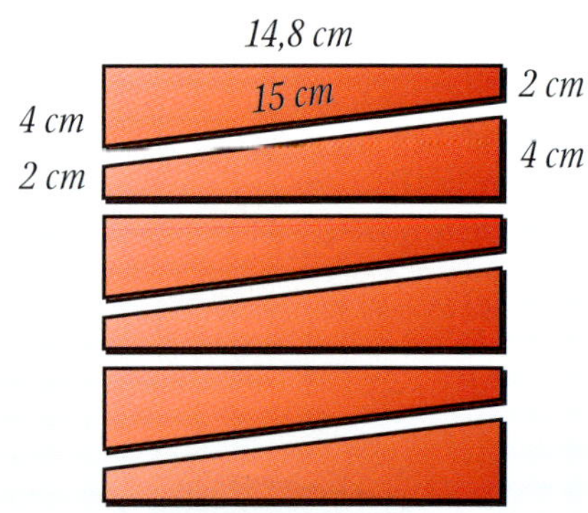

4

Bestreichen Sie zwei Bogen des roten Farbpapiers mit Alleskleber-Stift, und verleimen Sie die Blätter miteinander, damit die daraus entstehenden Tragflächen die nötige Formstabilität erhalten. Zeichnen Sie darauf nebeneinander die sechs identischen Tragflächen mit Bleistift (Vorlage Seite 46). Schneiden Sie die Tragflächen mit Hilfe von Lineal und Cutter aus (Bild 4).

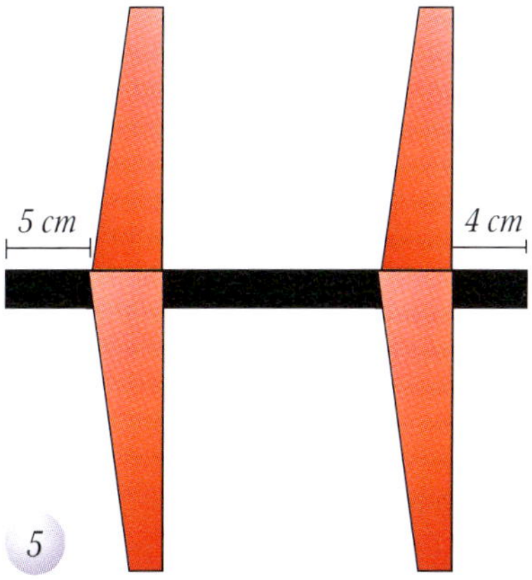

5

Schneiden Sie aus dem schwarzen Tonpapier drei 18 cm lange und 0,5 cm breite Streifen aus (Bild 6), und kleben Sie diese jeweils bündig an die äußeren Kanten der hintereinander liegenden Tragflächen.

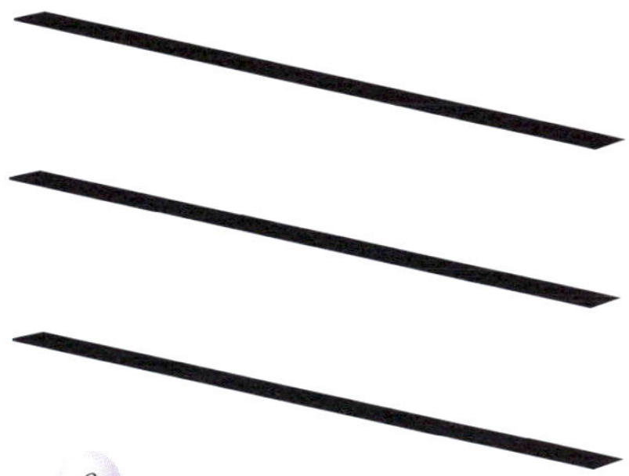

6

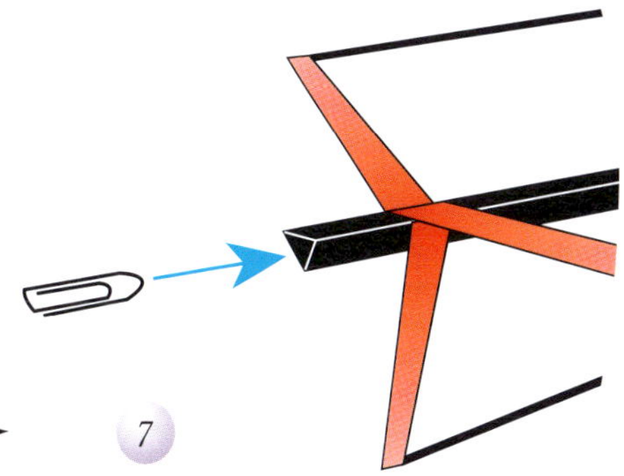

7

Kleben Sie die keilförmigen Tragflächen mit der breiten Seite auf die Rumpfflächen.
Dabei sollen die breiten Flügelkanten bündig mit den Rumpfkanten abschließen (Bild 5).

Bringen Sie so viele Trimmgewichte (Büroklammern) an der Fliegernase an, bis der Sechsflügler optimal austariert ist (Bild 7).
Zur Feintrimmung ziehen Sie die Klammern einfach ein Stück heraus bzw. nehmen Sie überschüssiges Gewicht weg.

Start

Nehmen Sie die Mitte des Rumpfes zwischen Daumen und Zeigefinger der Wurfhand, und „schieben" Sie den Flieger mit kräftiger Beschleunigung in die gewünschte Flugrichtung.

Ausleger

Material & Werkzeug

Kiefernholzleiste, 30 x 0,5 x 0,5 cm, 2 Bogen A4-Farbpapier (80–90 g/m²), Alleskleber (Tube und Stift), Kleber mit hoher Punkthaftung (Tube), Schere, Cutter, Lineal, Buntstifte, Bleistift, blauer Filzstift, Falzwerkzeug (Falzbein o. ä.), 2 Stroh- oder Basthalme, 35–40 cm lang, Gummiring mit ca. 4 cm ø, 2 kleine Stecknadeln, 1 kleines Stück Wellpappe, 0,5 cm dick, Schutzhülse eines (alten) Filzstifts, Stahlkügelchen

1

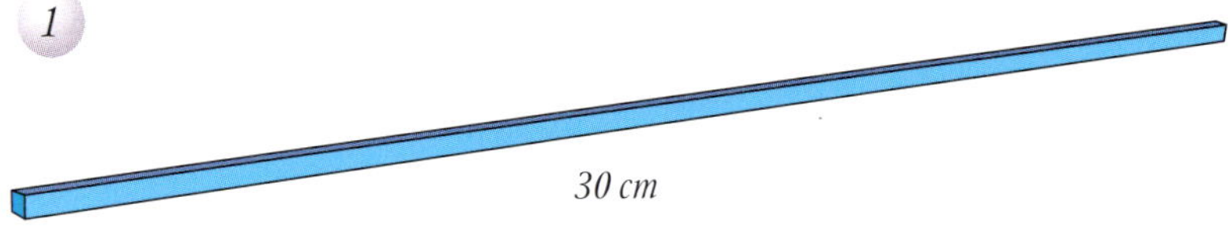

Bemalen Sie die hölzerne Rumpfleiste mit einem blauen Filzstift (Bild 1).

Schneiden Sie die beiden verschiedenen Tragflächen-Rechtecke aus dem Farbpapier aus, und falzen Sie sie jeweils in der Mitte (Bild 2).

2

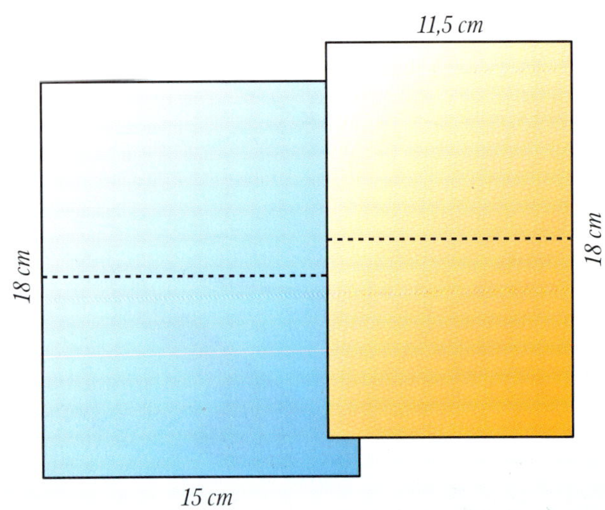

> Tip
> Die Tragflächen des Auslegers sollten bereits jetzt, nach dem zweiten Arbeitsschritt, ausgestaltet werden. Denn nach der Montage der Strohhalme ist die Konstruktion relativ empfindlich. Verwenden Sie dazu am besten Buntstifte – so bleibt das Papier gleichmäßig glatt.

3

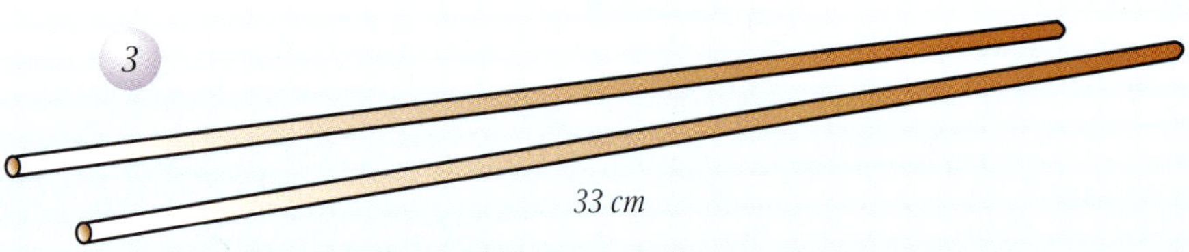

Kürzen Sie zwei Strohhalme auf eine Länge von 33 cm (Bild 3).
Sie können auch jeweils zwei kürzere Halme ineinanderschieben, um die gewünschte Länge zu erhalten.

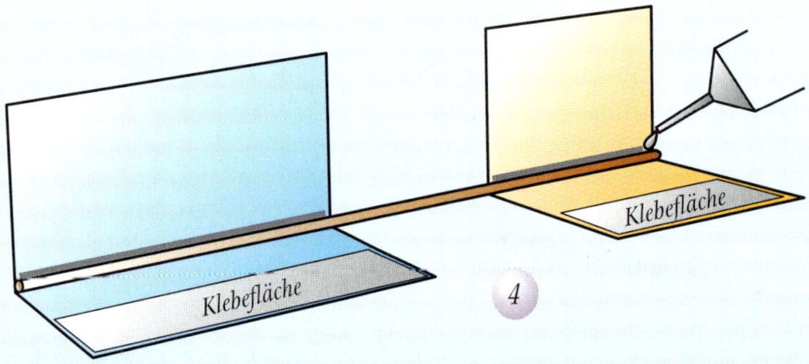

4

Die in Zeichnung 4 markierten Flächen werden mit Klebstoff eingestrichen.
Dann leimen Sie einen 33-cm-Halm so in den Falz, daß die Außenkanten der Tragflächenteile beiderseits bündig mit dem Halm abschließen.

Nun klappen Sie die Tragflächen zusammen und streichen sie glatt. Auf das hintere Ende der Flügel wird dann ein jeweils 0,5 cm breiter Streifen Klebstoff (mit hoher Punkthaftung) aufgetragen und der zweite Strohhalm aufgeklebt (Bild 5).

So entsteht eine unsymmetrische Tragfläche von 33 cm mit einem Loch bzw. einer Aussparung im mittleren Bereich.
Deshalb heißt dieser Gleiter Ausleger.

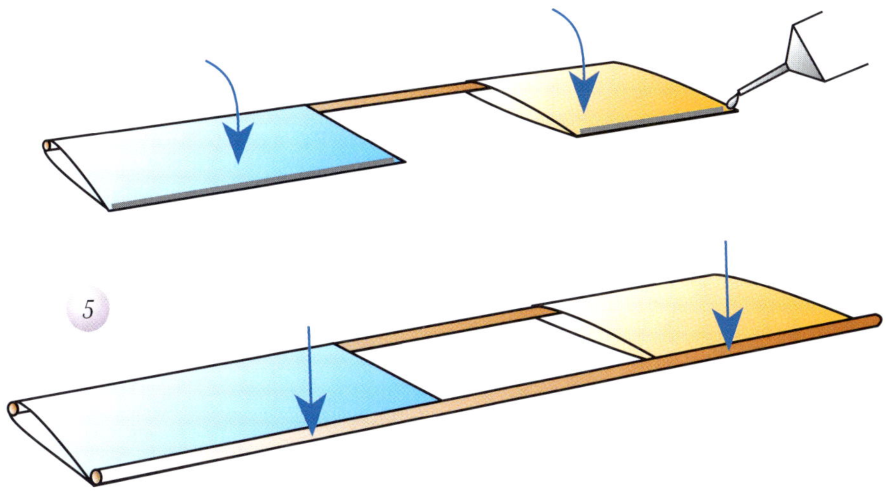

5

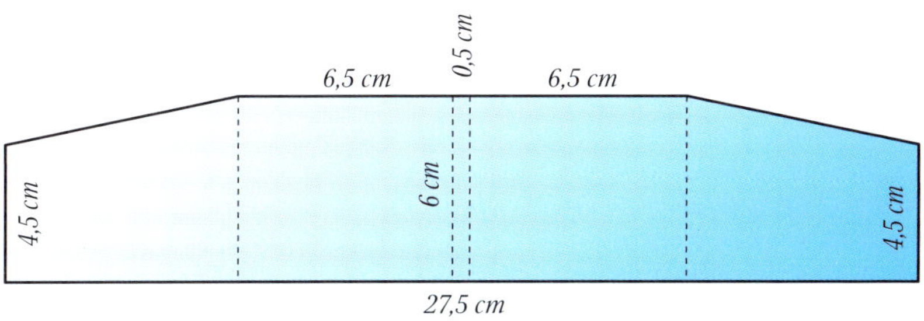

Schneiden Sie das Höhenleitwerk (gelb) und das Seitenleitwerk (blau) in den auf Zeichnung 6 angegebenen Maßen aus dem Farbpapier aus.

6

Das Seitenleitwerk (blau) erhält zunächst verschiedene Falzrillen (Bild 6). Falten Sie es dann – wie in Bild 7 gezeigt – zu einem aufgewinkelten Leitwerk.

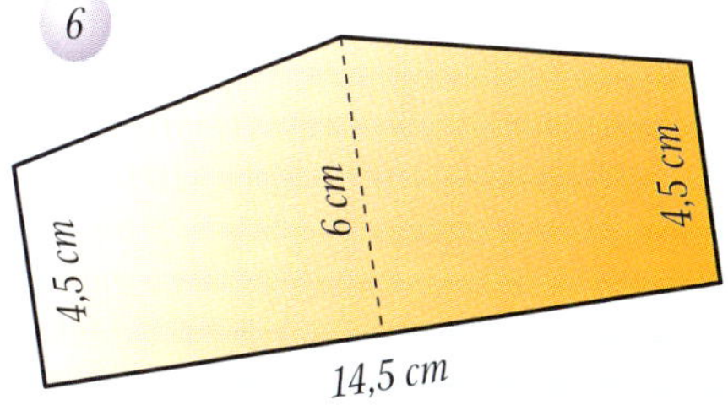

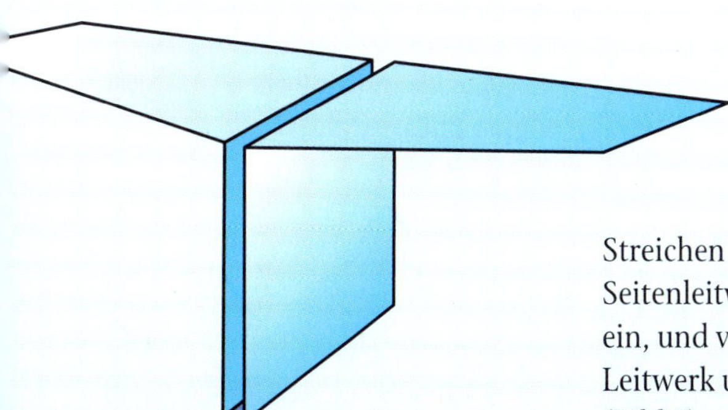

7

Streichen Sie die Klebeflächen des Seitenleitwerks mit dem Klebestift ein, und verleimen Sie das ganze Leitwerk unten mit der Rumpfleiste (Bild 8).
Achten Sie auch hier auf den bündigen Abschluß.

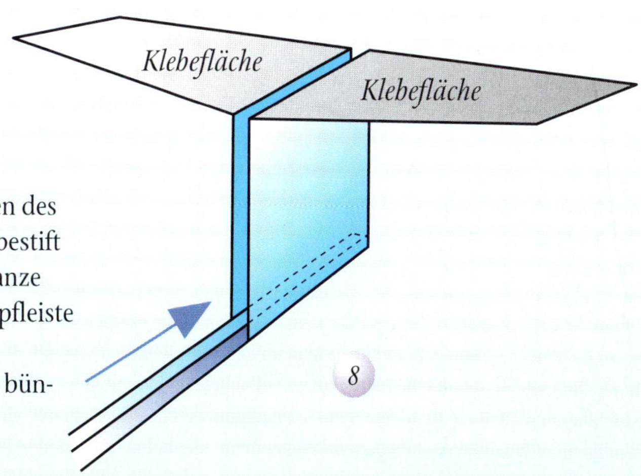

8

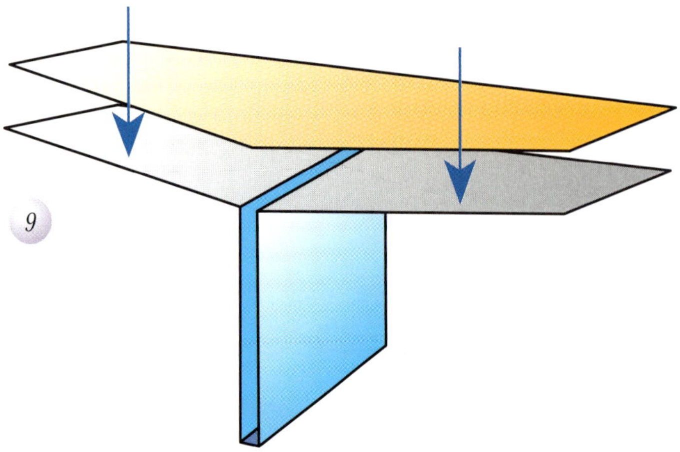

9

Die Deckfläche des Höhenleitwerks gibt der Konstruktion Stabilität (Bild 9) und verbessert die Lenkbarkeit, weil man jede Seite dauerhaft etwas nach oben biegen kann (Bild 10).

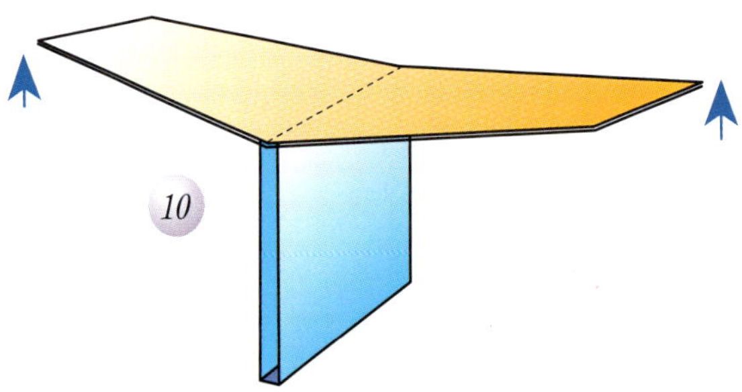

10

Füllen Sie eine Filzstifthülse zu etwa zwei Dritteln mit Stahlkügelchen, und stecken Sie diese dann auf die Rumpfnase, bis die Hülse dort richtig fest sitzt (Bild 11).

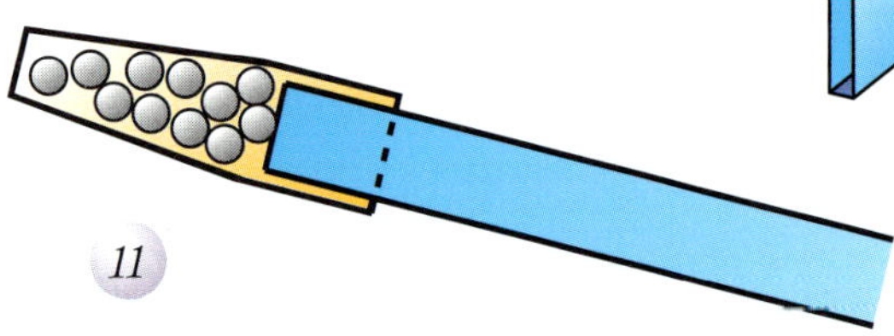

11

Mit dem Gummiring befestigen Sie die große Tragfläche auf dem Rumpf (Bild 12).
Bei dieser Methode sind Korrekturen des Tragflächenstandes jederzeit möglich und oft auch nötig, um ein gutes Flugverhalten zu erreichen.
Steigt der Gleiter zu schnell, muß die Tragfläche etwas weiter nach hinten versetzt werden; sinkt er sehr rasch, dann rücken Sie die Tragfläche ein wenig nach vorn.

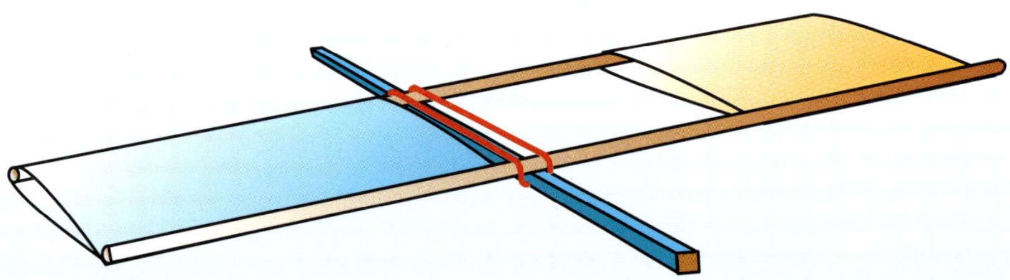

12

Die Innenkante des normal bespannten Flügels sollte in jedem Falle so nahe wie möglich am Rumpf angebracht sein, der Auslegerflügel muß – einschließlich der Aussparung – immer länger als sein Gegenstück sein.

Wenn Sie nach den ersten Flugversuchen mit dem Ergebnis zufrieden sind, können Sie die Tragfläche vorn und hinten mit zwei kleinen Stecknadeln fixieren (Bild 13).

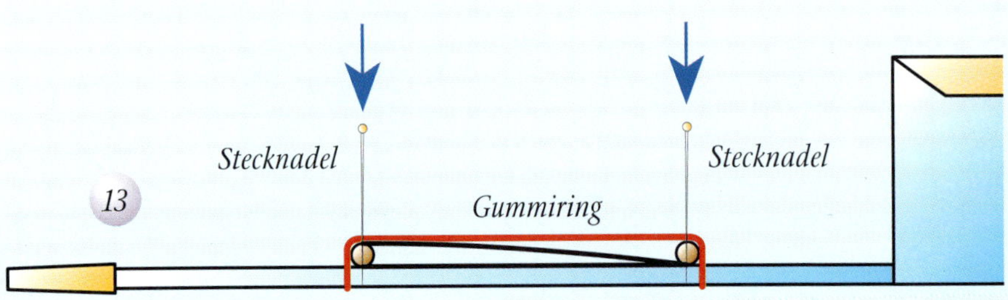

13

Als Anhaltspunkt: Die Tragfläche des Auslegers sollte ungefähr in der Mitte des Rumpfes sitzen. Erfahrungsgemäß fliegt der Ausleger aber am besten, wenn die Tragfläche noch ein kleines Stück von der Mitte weg nach vorn geschoben wird.

Um das ungewöhnliche Aussehen des Fliegers abzurunden, schneiden Sie mit dem Cutter einen 0,5 cm breiten Streifen längs der Kante des A4-Tonpapiers aus und befestigen dessen Enden jeweils mit einem Tropfen Alleskleber an der Nase und am Höhenleitwerk (Bild 14).

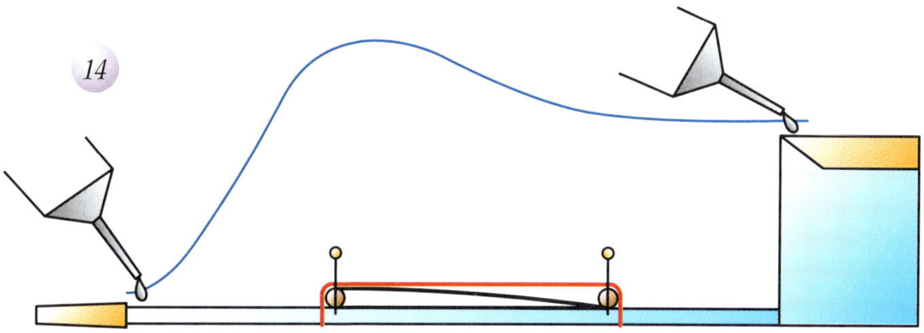

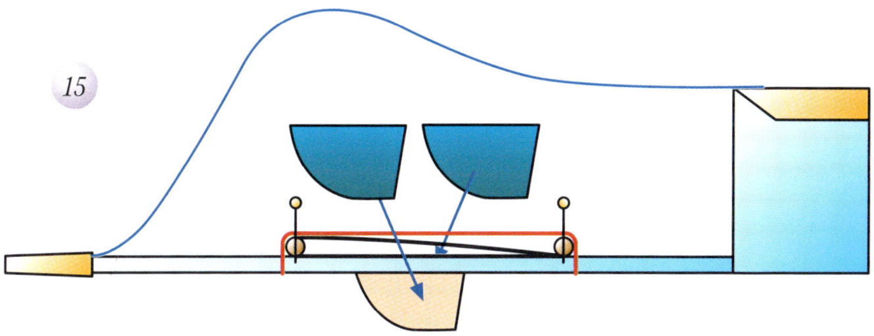

Bekleben Sie den Rumpf in der Mitte mit einem Wurfgriff aus 0,5 cm dicker Wellpappe (Bild 15). Verkleiden Sie ihn auf beiden Seiten mit Tonpapier. Lassen Sie die Verkleidung dabei am oberen Rand des Griffes etwa 0,5 cm überstehen. Dann erhalten Sie Klebeflächen, die, mit Alleskleber eingestrichen, für eine feste Verbindung mit dem Rumpf sorgen.

Doppeldecker

Material & Werkzeug

Kiefernholzleiste, 35 x 0,5 x 0,5 cm , 3 Bogen A4-Tonpapier (weiß oder farbig, 120–140 g/m²), Alleskleber, Schere, Cutter, Lineal, Farben, grüner Filzstift, Falzwerkzeug (Falzbein o. ä.), 1 Stück Gummi- oder Plastikschlauch, 1 cm ø und ca. 4 cm lang, 1 Bastelperle aus Plastik oder Holz, 0,5 cm ø, Stahlkügelchen, 1 kleine Plastikfigur, ca. 2 cm hoch, oder ein Stückchen Balsaholz, 2 cm hoch

1

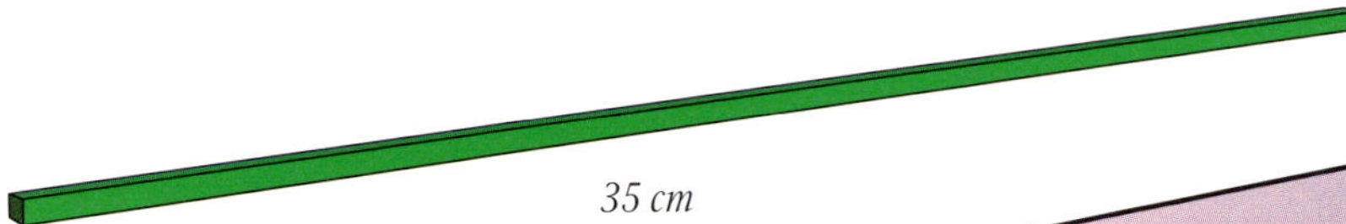

Kolorieren Sie die hölzerne Rumpfleiste mit grüner Farbe. Dazu eignet sich besonders gut ein Filzstift (Bild 1).

Schneiden Sie mit dem Cutter die V-förmigen Tragflächen nach der Vorlage (Seite 46) aus.
Legen Sie dazu zwei gleichfarbige A4 Bogen übereinander, um in einem Arbeitsgang zwei identische Tragflächen zu bekommen (Bild 2).

2

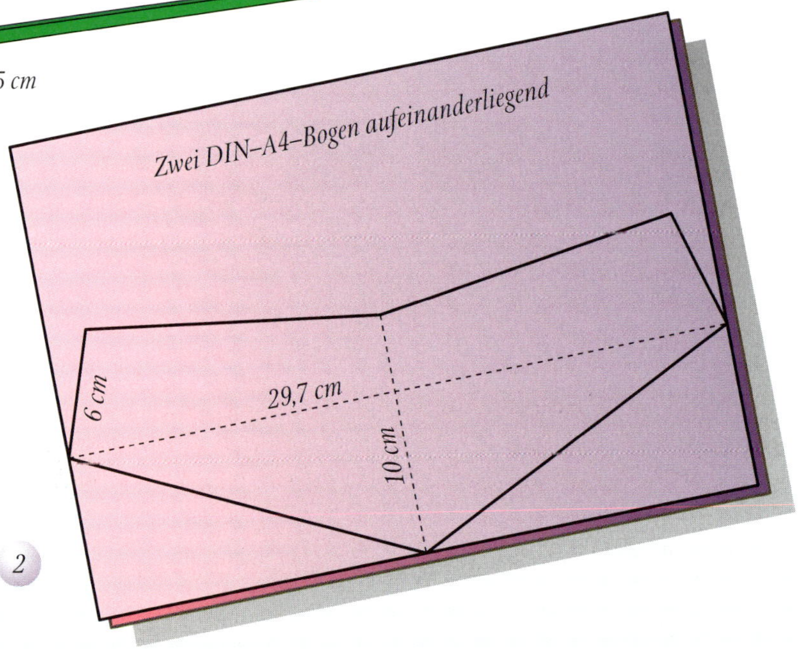

3

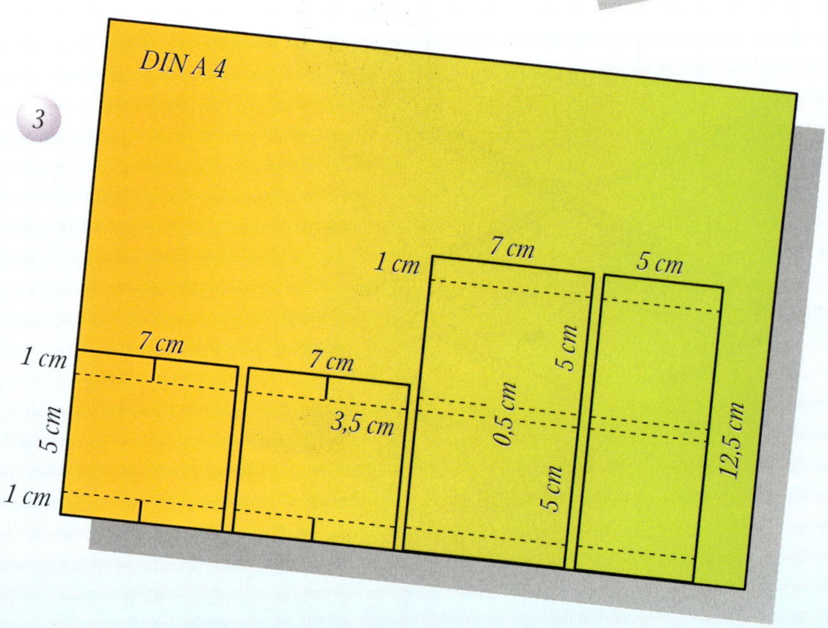

Schneiden Sie nun die vier Stützflächenteile nach den Maßen in Bild 3 aus dem Tonpapier aus.
Falzen Sie die Stützen gemäß den gestrichelten Linien in Bild 3.

Knicken Sie die größeren Teile – die Rumpfstützen – in der Mitte nach oben und an den Enden in die entgegengesetzte Richtung (Bild 4).
Die kleineren Teile – die Seiten- oder Flügelstützen – knicken Sie dann an den Enden jeweils gegeneinander nach außen (gestrichelte Linien in Bild 4).

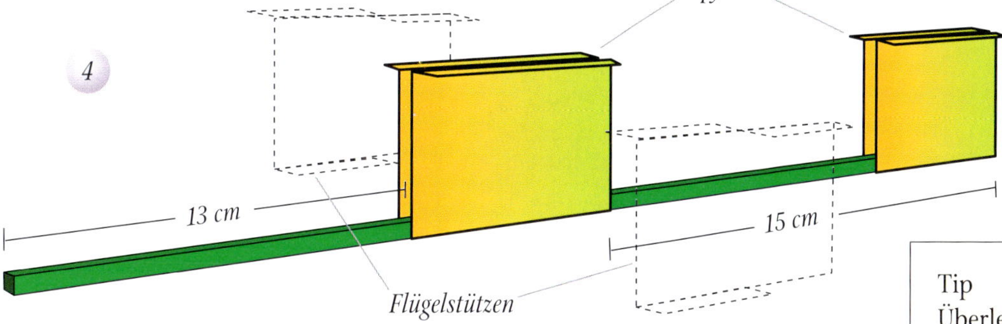

Tip
Überlegen Sie sich vor dem Zusammenbau des Fliegers, wie die Tragflächen aussehen sollen, denn nachher wird die Gestaltung etwas kompliziert, weil man an viele Stellen nur noch schwer herankommt.

Nachdem Sie die Stützstücke für die Tragflächen und das Leitwerk in möglichst exakten 90°- Winkeln gefaltet haben, verkleben Sie die Rumpfstützen mit dem Rumpf. Halten Sie sich dabei an die Maße in Bild 4.
Die kleinere Rumpfstütze muß bündig mit dem Rumpf abschließen, die größere Rumpfstütze sitzt 13 cm von der Rumpfspitze und 15 cm vom Rumpfende entfernt (Bild 4).

Schneiden Sie nun das Höhenleitwerk aus einem der Kartonreste gemäß der Vorlage auf Seite 46 aus (Bild 5).

Leimen Sie die obere Tragfläche und das Höhenleitwerk mit Alleskleber genau mittig auf die vorbereiteten Rumpfstützen (Bild 6).
Die hintere Flügelkante soll dabei jeweils bündig mit der Rumpfstütze abschließen, so daß die Flügel vorn ein Stück herausragen.

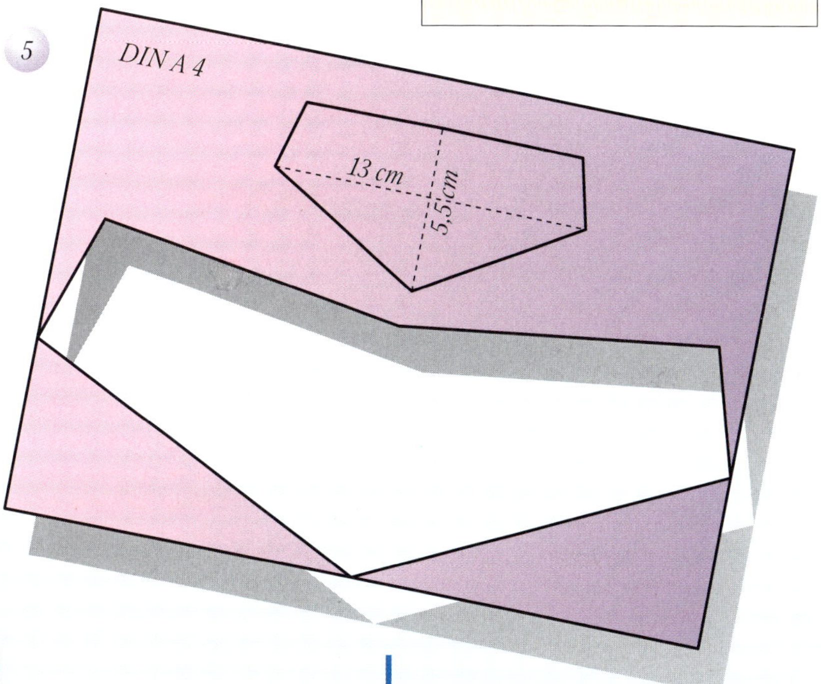

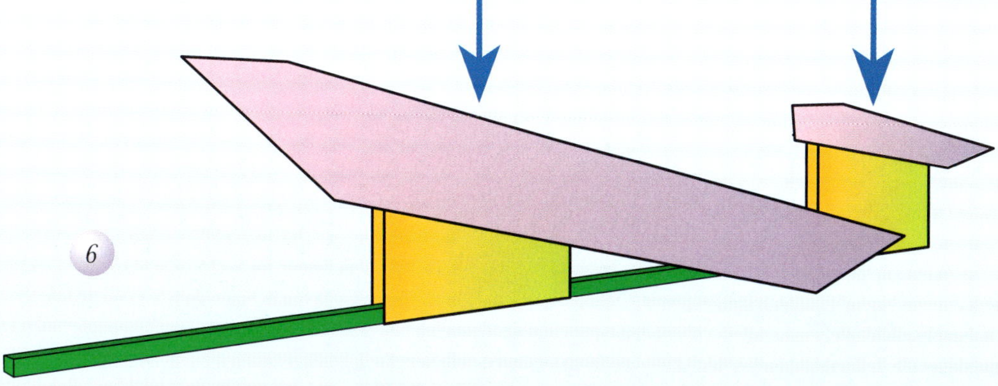

Lassen Sie die Tragflächen gut antrocknen, bevor Sie mit den nächsten Schritten fortfahren.

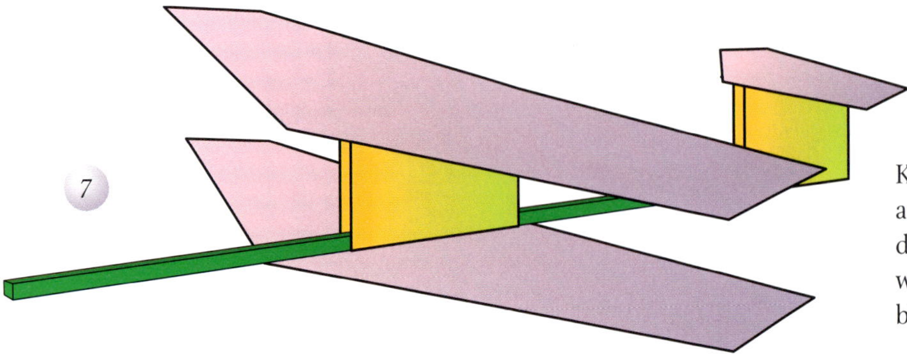

7

Kleben Sie die untere Tragfläche so auf den Rumpf, daß ihre Position mit der oberen Tragfläche identisch ist, wenn man von oben auf den Flieger blickt (Bild 7).

Etwa 9 cm von der größeren Rumpfstütze entfernt, werden – parallel dazu – die Seitenstützen der Tragflächen angebracht (Bild 8).
Zuvor müssen die Klebeflächen dieser Stützen mit Alleskleber versehen werden.
Sehen Sie zur Kontrolle den Gleiter am ausgestreckten Arm von vorn an, und korrigieren Sie bei Bedarf den Stand der Stützen, bis alle drei parallel stehen, solange der Klebstoff noch feucht bzw. korrigierbar ist.

8

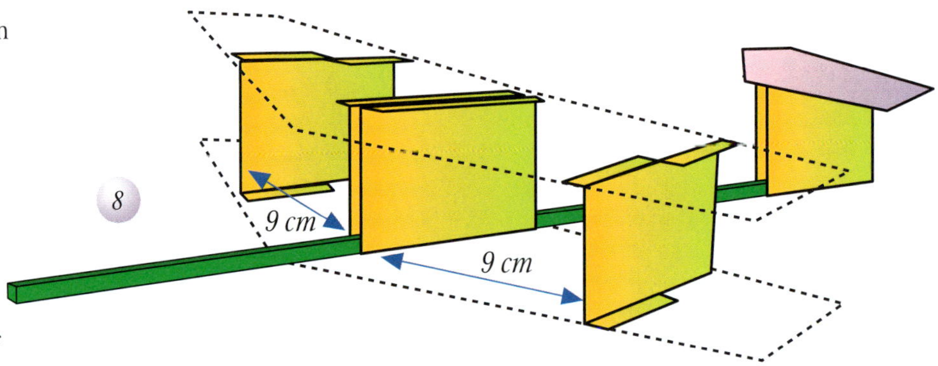

9

Die Nase beschweren Sie mit einem etwa 4 cm langen Stück Plastikschlauch, den Sie zur Hälfte mit Stahlkügelchen füllen und dann auf die Rumpfspitze schieben (Bild 9). Verschließen Sie diese Trimmkammer mit einer Bastelperle oder Holzkugel (ca. 0,5 cm Durchmesser).

Sie brauchen nun noch zwei 0,5 cm breite Streifen von 23 cm Länge, die Sie aus den A4-Papierresten ausschneiden.
Einer dieser Streifen wird mit Alleskleber auf der Oberseite der Rumpfleiste befestigt und läuft von der Nase bis zur Unterseite der oberen Tragfläche (Bild 10).

10

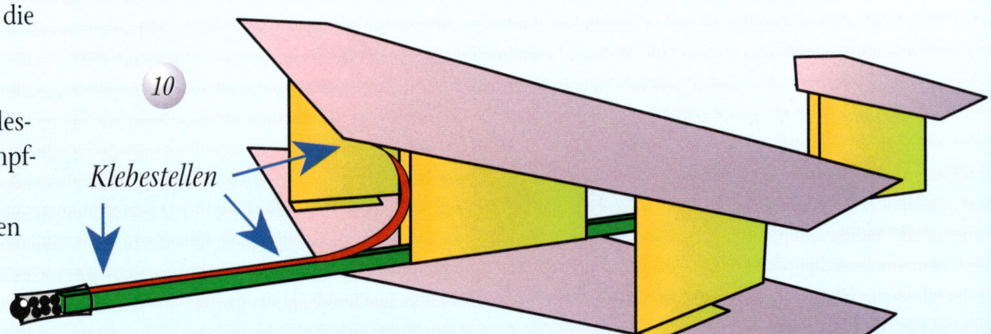

Mit dem anderen Streifen werden die noch leicht herabhängenden Tragflächen aufgerichtet bzw. gespannt. Dieser Trick verleiht dem Gleiter zudem ein ungewöhnliches Aussehen. Knicken Sie dazu beide Enden des Streifens um, so daß Klebeflächen von etwa 0,5 cm Länge entstehen.

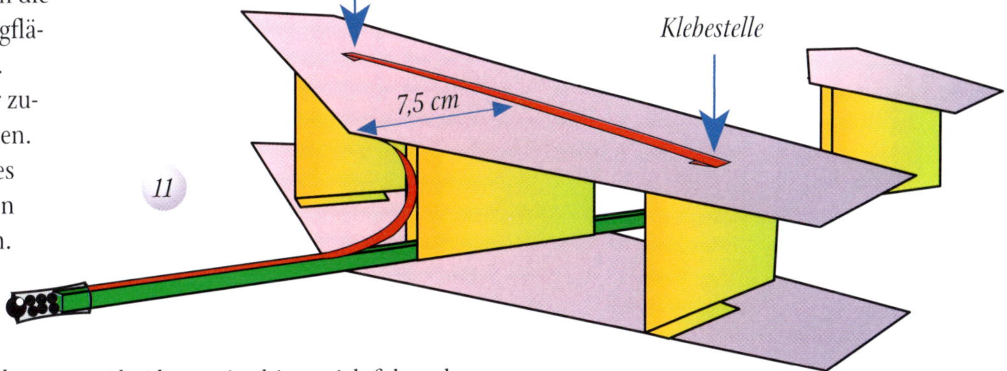

11

In Bild 11 sehen Sie, wie Sie den Streifen befestigen müssen. Die Klebestelle liegt genau über den Seitenstützen. Sie können daher den Streifen beim Verleimen vorsichtig andrücken.

Als Alternative bietet sich folgendes Verfahren an: Sie fädeln die 0,5 cm langen Klebeflächen durch vorher eingeschnittene Schlitze in die obere Tragfläche und verkleben sie mit der Tragflächen-Unterseite.

Wichtig
Beide Tragflächen sollen außen im gleichen Winkel leicht nach oben ragen bzw. gebogen sein. Nach dem Ausrichten des exakten Standes wird die Stütze mit zwei Tropfen Klebstoff oben und unten fixiert.
Benutzen Sie als Stütze ruhig eine witzige kleine Modellfigur, die zum Wurfgleiter paßt (Bild 13). Sie könnte z. B. einen flatternden Mantel und einen Hut tragen, den sie wegen des „Flugwindes" festhalten muß ...

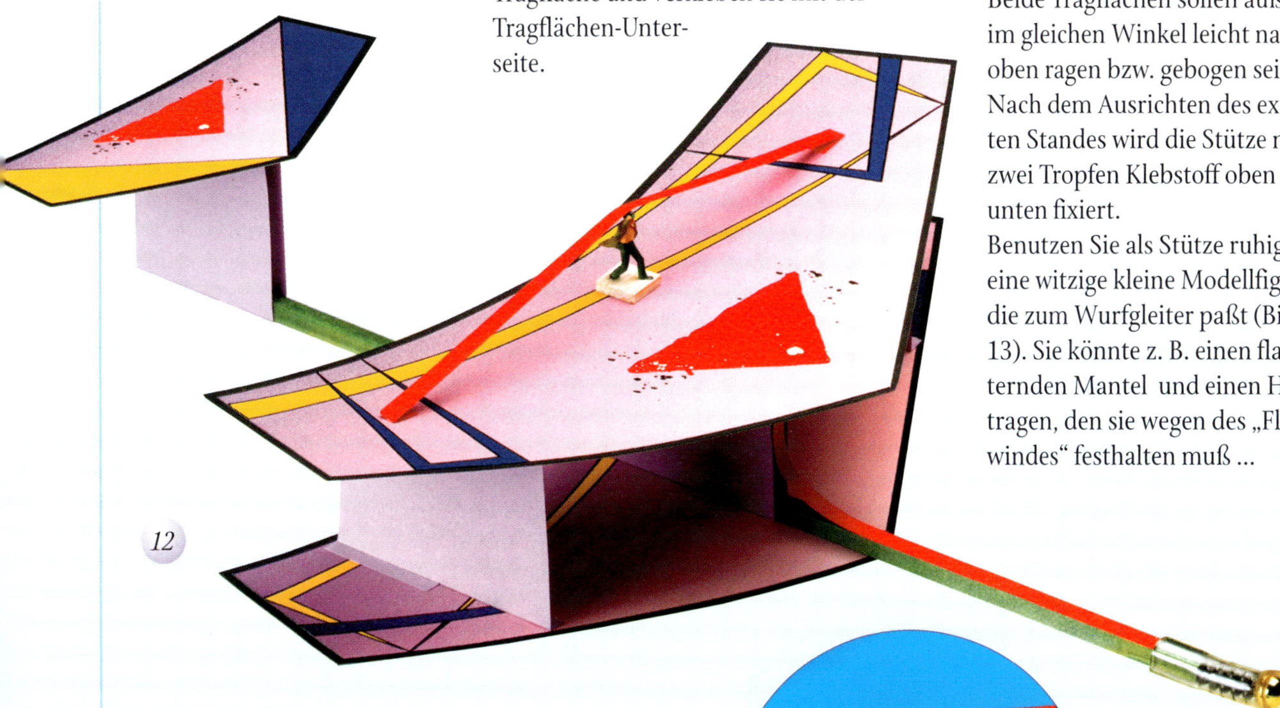
12

Nachdem die Klebestellen angetrocknet sind, heben Sie den Streifen in der Mitte etwas an und schieben eine Stütze (entweder ein auf 2 cm gekürztes Balsaholz oder eine 2 cm hohe Plastikfigur) zur Stabilisierung dazwischen (Bild 12).

13

Hochstart

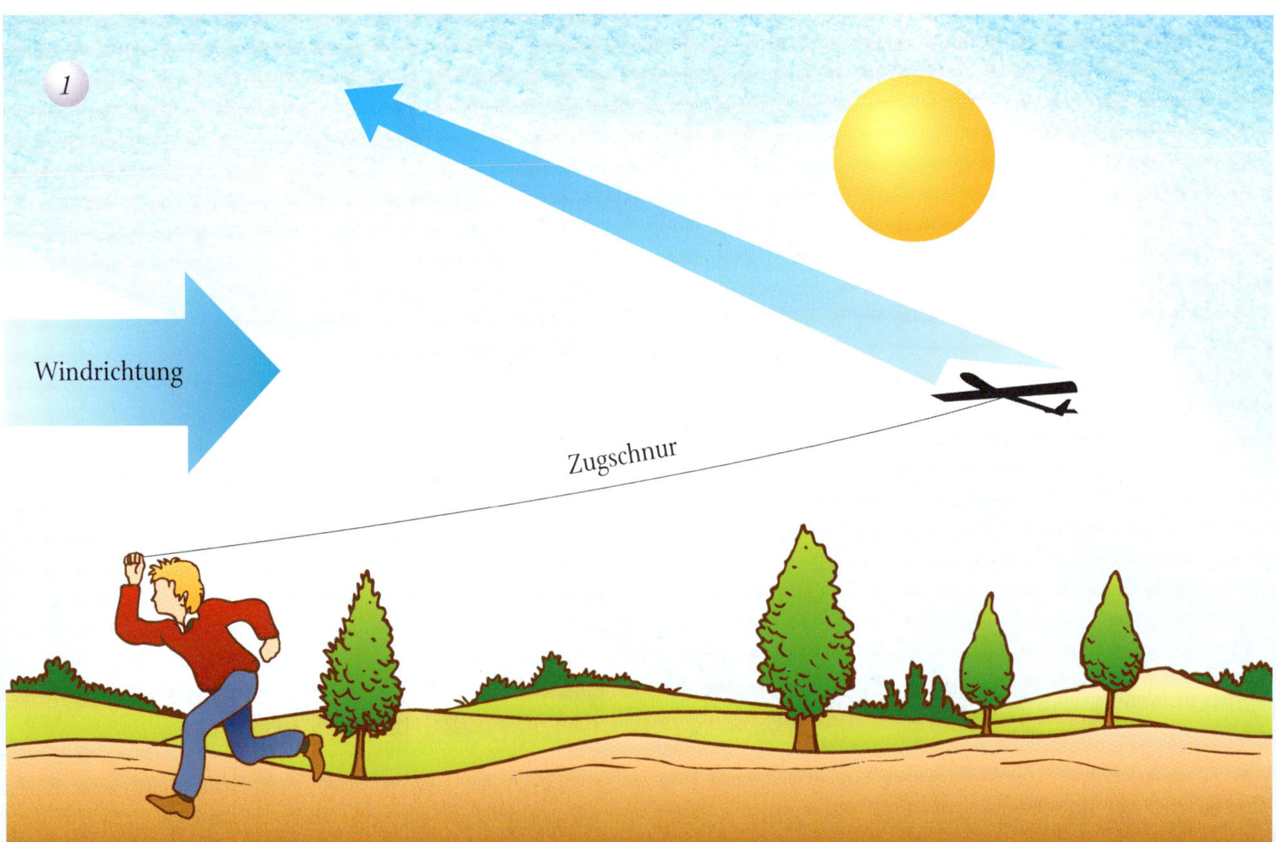

Wenn Sie etwas Erfahrung mit den Gleitern gesammelt haben und die Trimmung optimiert ist, können Sie sich an den Hochstart heranwagen.

Nicht immer ist ein Start von einem hoch gelegenen Fenster, von einem Hang oder von einem Berg aus möglich.
Damit Sie die Freude an einer langen Flugzeit auch in einer ebenen Landschaft auskosten können, bedienen Sie sich einfach der Technik des Hochstarts.

Zwei grundsätzliche Hochstart-Methoden kommen für unsere kleinen Gleitsegler in Frage:

METHODE 1

Man befestigt den Flieger an einer Schnur und läuft damit gegen den Wind.
Das Fluggerät wird dabei wie ein Drachen in die Höhe gezogen (Bild 1).
Durch einen speziellen Haken klinkt sich der Gleiter am höchsten Punkt von selbst aus.

METHODE 2

Ein Gummiseil wird an einem im Boden steckenden Pflock befestigt.
Damit wird das Flugzeug schräg nach oben katapultiert (Bild 2).
Die Ausklinkvorrichtung ist identisch mit Variante 1.

Auf den Seiten 38 bis 45 finden Sie die Bauanleitungen für zwei Gleitsegelflieger, die sich durch ihre speziellen Konstruktionsmerkmale sehr gut für den Hochstart eignen.

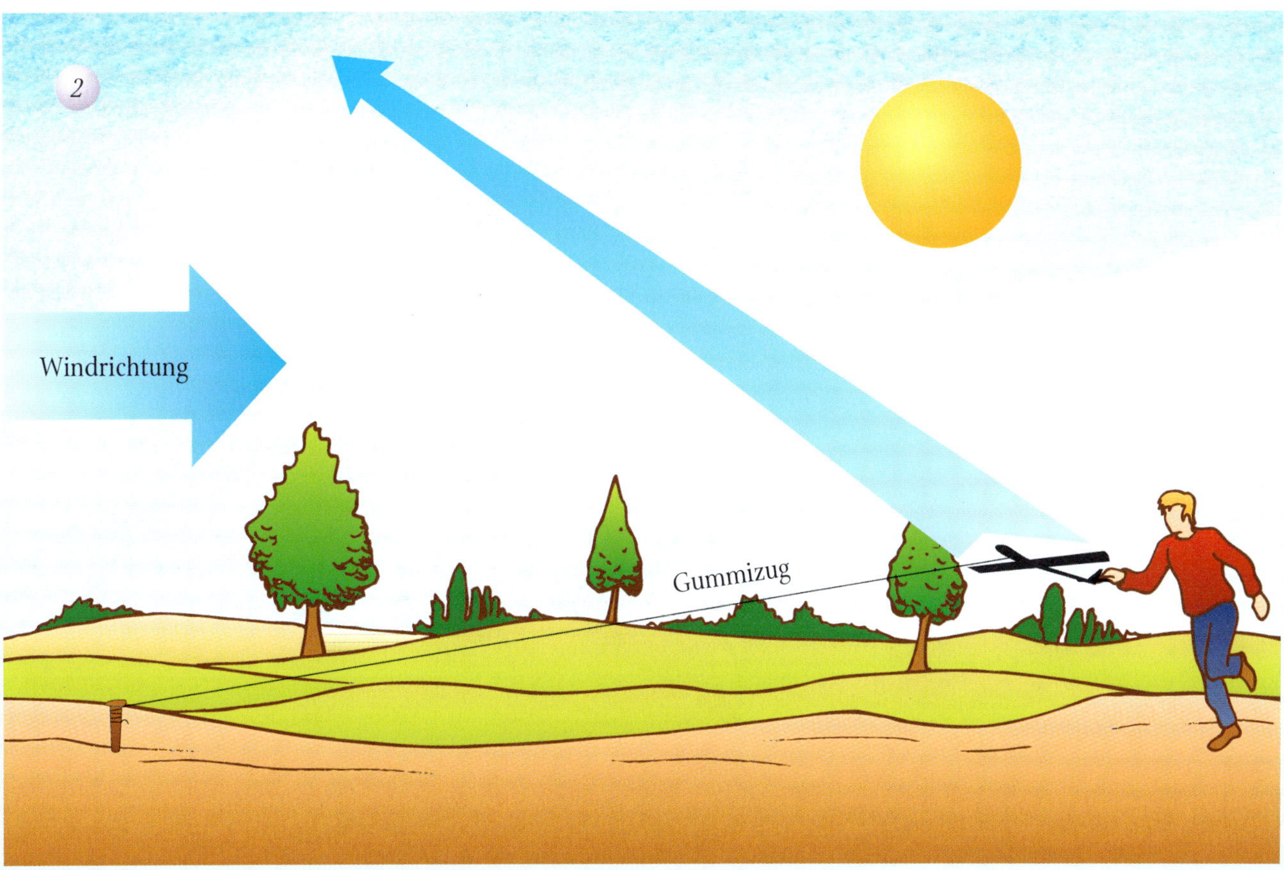

DIE AUSKLINKVORRICHTUNG

Bevor Sie aber einer der beiden Techniken den Vorzug geben, muß Ihr Fluggerät mit einem Haken an der Rumpfunterseite versehen werden. Eine funktionierende Ausklinkvorrichtung ist Voraussetzung für den Hochstart, da der Flieger sonst mit Wucht wieder nach unten gezogen werden würde.
Üble Abstürze wären die Folge.
Als Haken kann ein entsprechend bearbeitetes Stück Leichtholz dienen, das mit Holzleim oder starkem, punkthaftendem Kleber auf den Rumpf geklebt wird (Bild 3).
Oder Sie schlagen einfach einen kleinen Nagel bis zur Hälfte schräg in den Rumpf und zwicken den Nagelkopf ab (Bild 4). Dabei empfiehlt es sich, den Rumpf vorher – ganz vorsichtig – in einen Schraubstock einzuspannen.

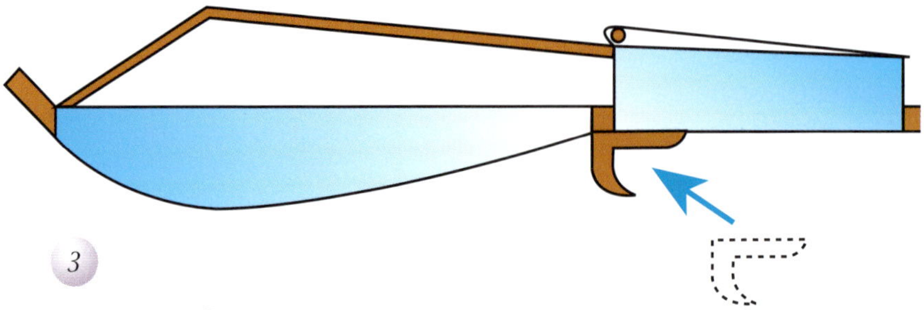

3

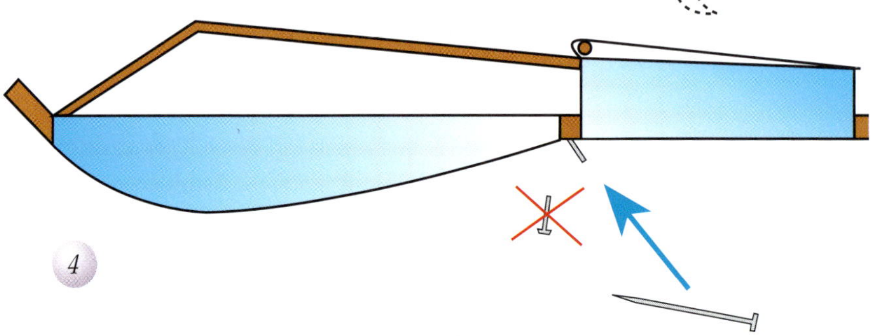

4

Wichtig ist dabei:
1. Der Haken muß sich vor den großen Tragflächen im hinteren Bereich des Rumpfkopfes befinden, damit der Gleiter auch sicher nach oben und nicht in eine andere Richtung gezogen oder katapultiert wird.
2. Der Haken muß so beschaffen sein, daß der Zugring ohne Widerstand herausfallen kann.

DIE ZUGSCHNUR

Die Länge der Schnur sollte zu Beginn zwischen 5 und 10 m betragen.
Wenn Sie etwas Erfahrung gesammelt haben, können Sie die Starthöhe steigern.
Falls Sie sich für Startmethode 1 entschieden haben, schneiden Sie die Schnur auf die gewünschte Steighöhe zu und knoten das eine Schnurende zu einer kleinen Handschlaufe.
Die Schnur sollte zwirnartig dünn, aber stabil sein (z.B. Drachenschnur).

DER ZUGRING

Damit sich die Zugschnur problemlos von selbst ausklinken kann, wenn der Gleiter die horizontale Fluglage erreicht hat, muß sie am anderen Ende an einen kleinen Ring aus dünnem Draht geknotet werden (Bild 5).

DAS SIGNALTUCH

Ein kleines Stück Tuch, beispielsweise ein leichtes Taschentuch oder ein Seidenfähnchen, sollte kurz unterhalb des Ringes an der Schnur befestigt werden. Dadurch wird die Schnurspannung etwas vermindert, und der Ring klinkt besser aus (Bild 6).
Außerdem zeigt das zu Boden flatternde Tuch sofort den Beginn des Freifluges an.

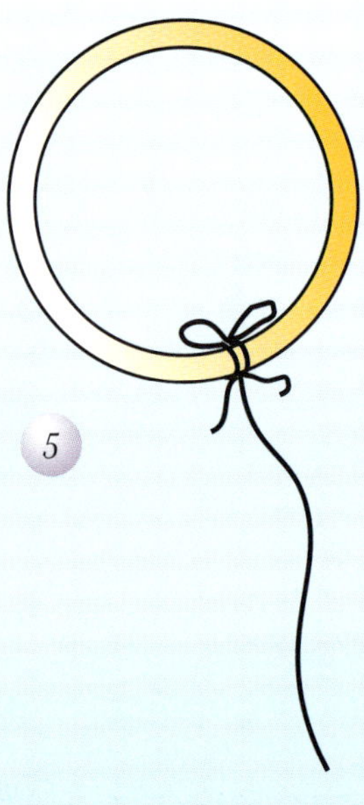

5

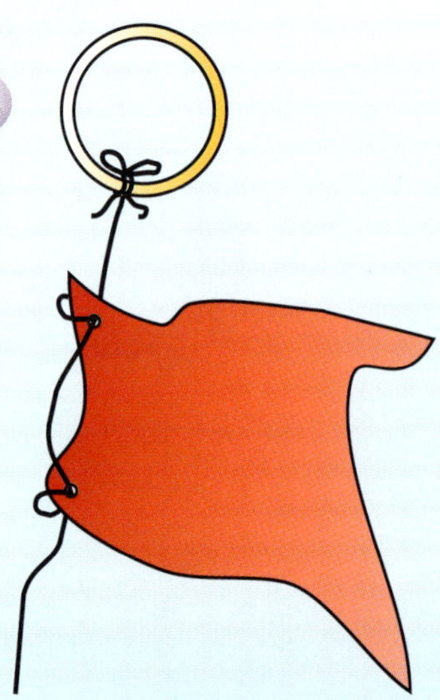

6

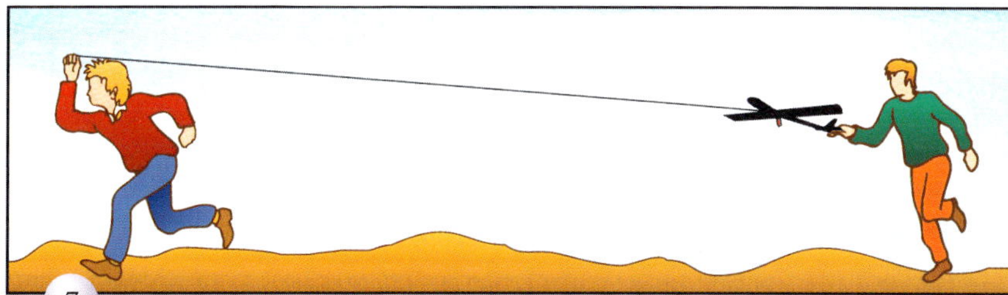

7

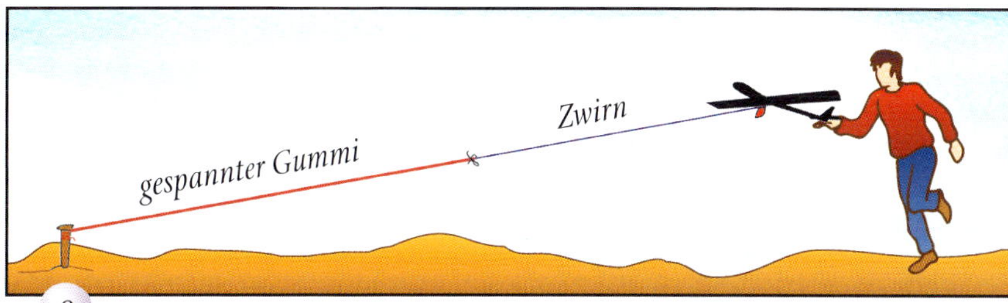

8

DER STARTHELFER

Sie benötigen beim Hochstart mit der Schnur einen Helfer, der den Gleiter mit eingeklinktem Ring leicht nach oben gerichtet hält und nach dem Anspannen der Schnur mit Ihnen zu laufen beginnt.
Schauen Sie als Startläufer ab und zu kurz nach hinten, und kontrollieren Sie, ob das Modell nicht zur Seite ausbricht, denn es könnte dabei hart auf dem Boden aufschlagen.
Wenn es – wie beabsichtigt – auf gerader Bahn nach oben steigt, müssen Sie am höchsten Punkt mit dem Ziehen nachlassen, um das selbständige Ausklinken nicht zu behindern (Bild 7).

DER KATAPULTSTART

Die Schnur, die Sie beim Katapultstart verwenden, besteht zu zwei Dritteln aus Zwirn und nur zu einem Drittel aus Gummi. Bei einer Gesamtlänge von beispielsweise 9 m wären das also 6 m Zwirn und 3 m Gummi.
Die Gummischnur soll zwischen 1 und 2 mm dick sein, da ein zu schwacher Zug das Modell nicht in die Höhe bringt und eine zu große Zugkraft das Modell beschädigen könnte.
Nachdem Sie Zwirn und Gummischnur zusammengeknotet haben, binden Sie das Gummiende an einen Pflock oder einen Zelthering, den Sie vorher in den Boden geklopft bzw. gesteckt haben.
Am anderen Schnurende werden – wie bei Methode 1 – das Signaltuch und der Ring befestigt.
Zum Start spannen Sie die Gummischnur auf ihre doppelte Länge und haken den Ring in das Modell ein.
Halten Sie den Gleiter leicht schräg nach oben, und laufen Sie einige Meter in Startrichtung mit (Bild 8).
Durch die Spannung steigt das Modell nach dem Loslassen zügig nach oben.
Sie sollten die Gummischnur zunächst nur mäßig spannen und sich bei den ersten Testflügen vergewissern, daß der Gleiter auch wirklich geradeaus fliegt. Eine Voraussetzung dafür ist die exakt rechtwinklige Ausrichtung von Tragflächen und Leitwerk vor jedem Start.
Dehnen Sie die Gummischnur nicht übermäßig, sonst steigert sich u. U. die Startbeschleunigung so, daß die Flügel infolge der hohen Geschwindigkeit zu flattern beginnen oder gar einknicken können.

> Tip
> Sie können die Flugzeit Ihres Gleiters erhöhen, indem Sie den aus Zwirn bestehenden Teil der Schnur verlängern.
> Dadurch nimmt die Höhe zu, bei der das Seil ausgeklinkt wird.

Start mit Starthelfer

Katapultstart

Hochstartsegler 1

Material & Werkzeug

Kiefernholzleiste, 38 x 0,5 x 0,5 cm, 1 Bogen Zeichenkarton oder gestrichener Farbkarton, A3 (170 g/m²), Alleskleber (Tube und Stift), Schere, Cutter, Lineal, Farben (evtl. auch Airbrush-Zubehör), brauner Filzstift, Falzwerkzeug (Falzbein o. ä.), 4 Stroh- oder Basthalme, jeweils 22 cm lang, Zinndraht, kleine Holz- oder Eisensäge, kleine Modellbau-Schraubzwinge

Bemalen Sie die Rumpfleiste mit dem braunen Filzstift, und schneiden Sie 3 cm mit der kleinen Holz- oder Eisensäge ab (Bild 1).
Das kleine Stück brauchen Sie später noch.

1

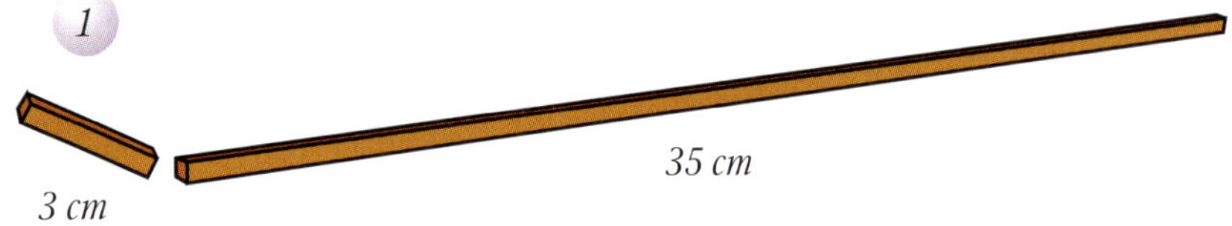

Schneiden Sie die Tragfläche aus dem Zeichenkarton aus – Maße siehe Bild 2 und Vorlage Seite 47 –, und falzen Sie die Mittellinie.

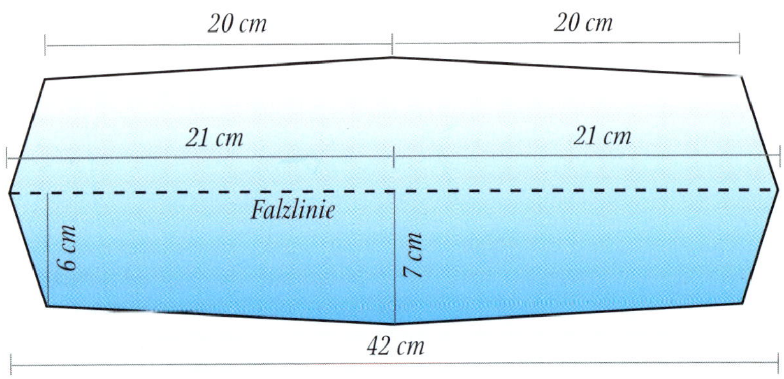

2

Bestreichen Sie das untere Viertel der Tragfläche mit dem Klebestift, und knicken Sie eine Hälfte der Tragfläche rechtwinklig hoch.
Kleben Sie dann zwei der Basthalme, die Sie vorher ca. 1 cm ineinanderschieben, mit Alleskleber in den Winkel zwischen den Tragflächenhälften, und klappen Sie die nach oben stehende Tragfläche um.
Streichen Sie die Klebestellen glatt, und legen Sie einige Bücher auf den verleimten Teil der Tragfläche, um den Anpreßdruck zu erhöhen.
Sie können auch Plastik-Trinkhalme anstelle der Basthalme verwenden. Diese finden Sie sicher auch in einem ganzen 21-cm-Stück.

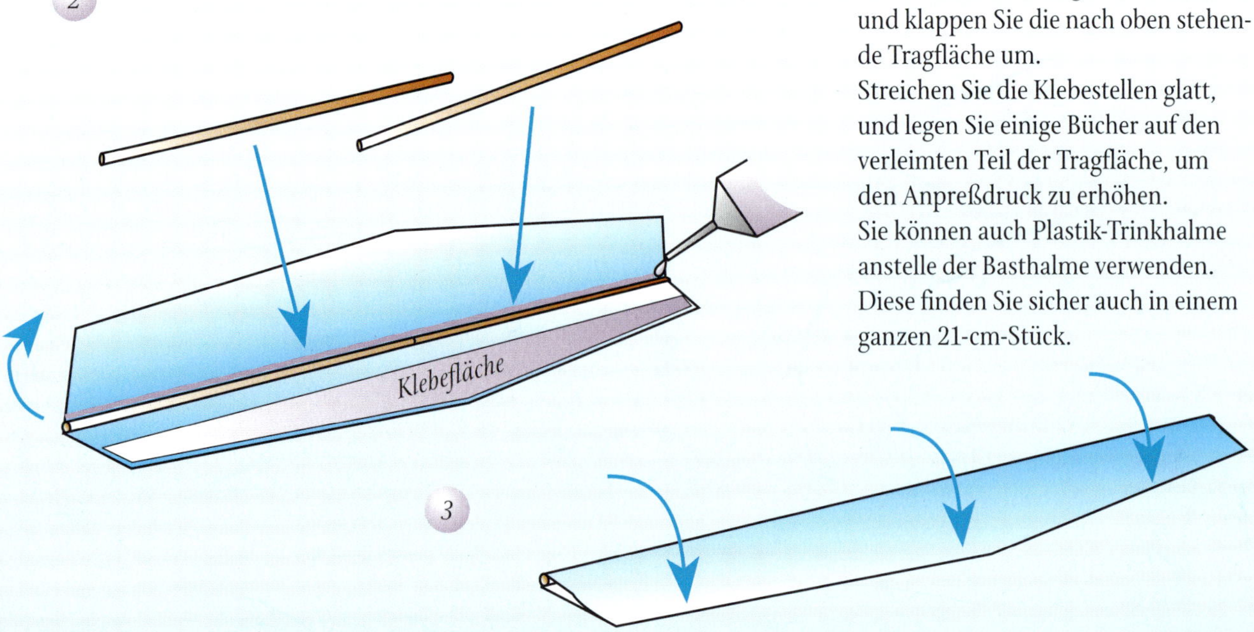

3

Schneiden Sie das Höhenleitwerk (mit dem Cutter) und das Seitenleitwerk (mit der Schere) nach den Maßen in Bild 4 aus (Vorlage Seite 47). Das Höhenleitwerk wird nun mittig auf den Rumpf geklebt. Das Seitenleitwerk erhält zwei Einschnitte von jeweils 0,8 cm Länge an den in Bild 4 markierten Stellen.
So entstehen zwei Klebeflächen. Klappen Sie die vordere nach links, die hintere nach rechts, und kleben Sie damit das Seitenleitwerk mittig auf dem Höhenleitwerk fest (Bild 5). Die Klebeverbindung von Höhenleitwerk und Rumpf muß zuvor getrocknet sein. Richten Sie das Seitenleitwerk rechtwinklig auf dem Höhenleitwerk aus, und fixieren Sie die Klebestelle bis zum Antrocknen.

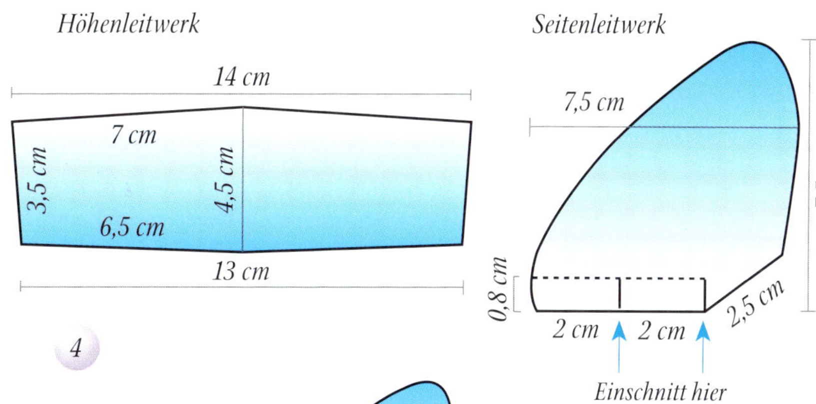

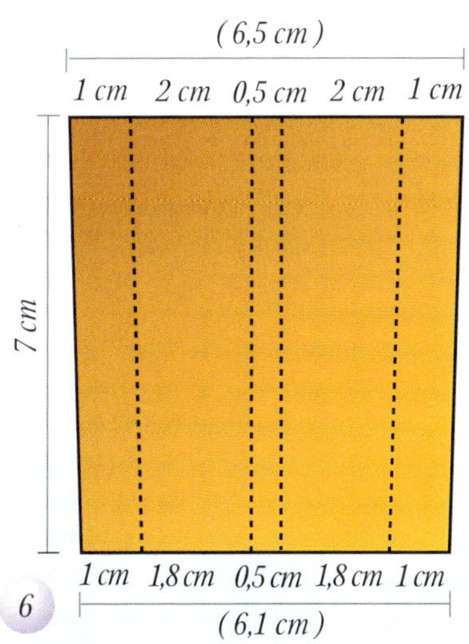

Schneiden und falzen Sie die Tragflächenstütze (Bild 6). Halten Sie die Maße genau ein, denn davon hängt die richtige Position der Tragflächen ab. Kleben Sie die Stütze von unten her am Rumpf fest (Bild 7).
Fixieren Sie die Klebeverbindung mit einer Modellbau-Schraubzwinge.

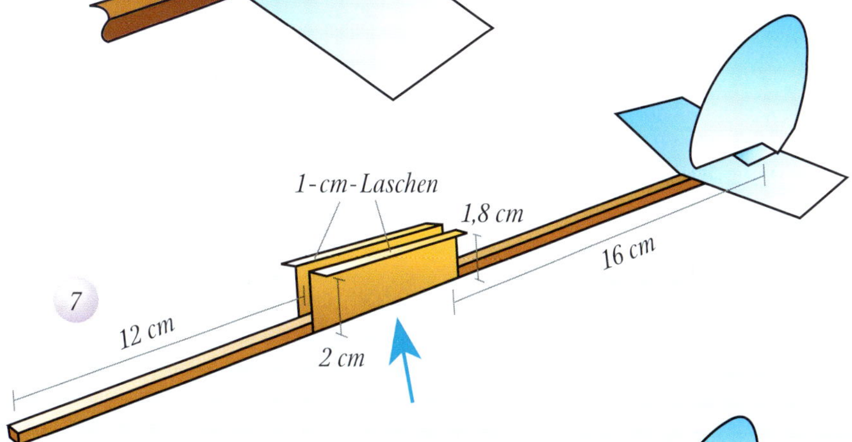

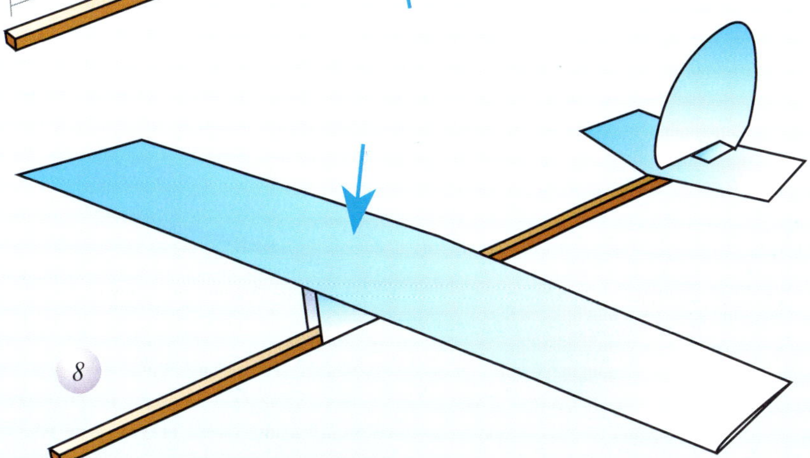

Kleben Sie die Tragfläche mittig auf die Stütze (Bild 8).

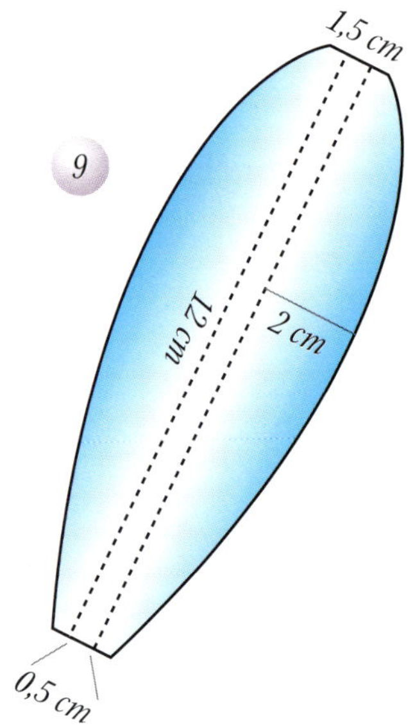

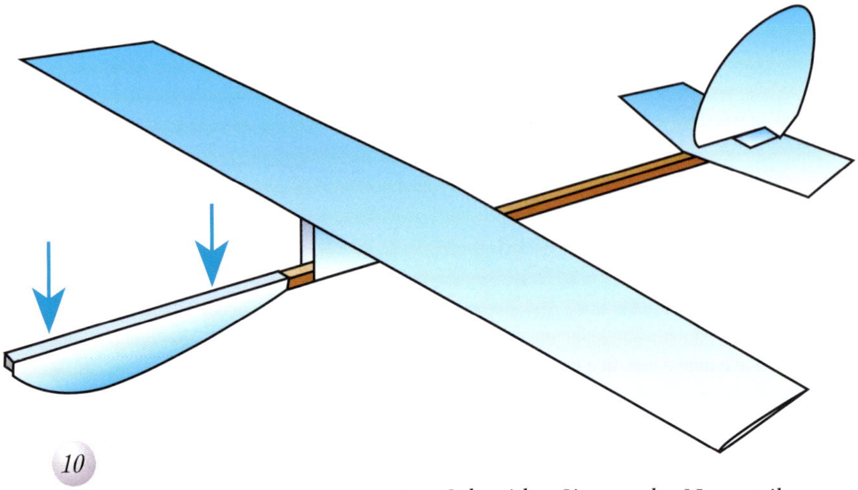

Schneiden Sie nun das Nasenteil aus dem Zeichenkarton (Vorlage Seite 47), und falzen Sie es an den gestrichelten Linien (Bild 9). Kleben Sie es von oben auf die Rumpfspitze, so daß es vorn 0,5 cm herausragt (Bild 10).

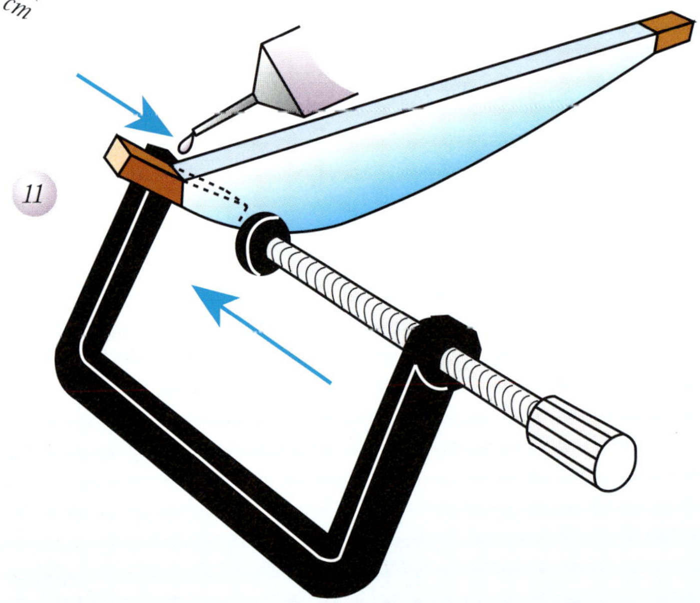

Zwischen die herausstehenden Seiten des Cockpits kleben Sie den 3 cm langen Holzrest. Fixieren Sie ihn zum Trocknen mit der Modellbau-Schraubzwinge. Der Holzrest soll etwa 1 cm weit schräg nach oben überstehen (Bild 11). Dadurch bekommt die Nase die nötige Stabilität.
Der überstehende Holzrest dient zugleich als Halter des Trimmgewichtes.

Nun sind zwei Basthalme übrig, die Sie einerseits zur Verschönerung des Seglers und andererseits zur Stabilisierung der Tragfläche verwenden.

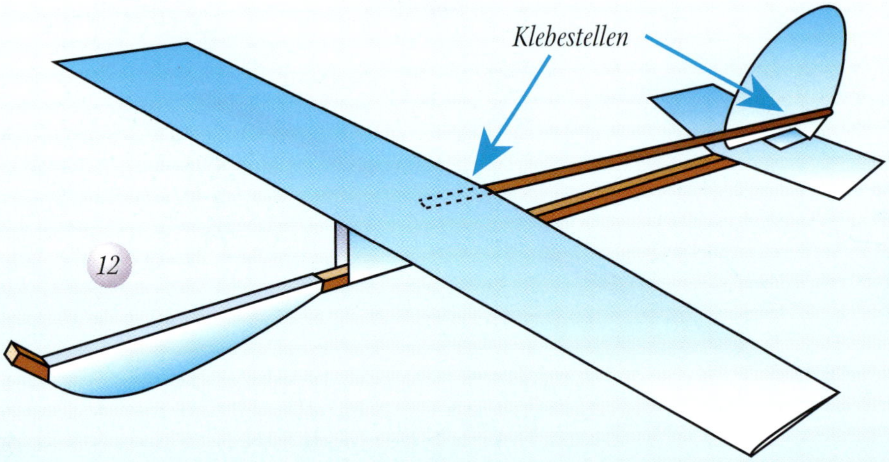

Dazu bestreichen Sie einen der Halme auf etwa 4 cm Länge mit Klebstoff und schieben ihn von hinten in die Tragflächenstütze. Schneiden Sie den Halm mit dem Cutter hinten so weit ein, daß Sie ihn über das Seitenleitwerk schieben können, und fixieren Sie ihn dort mit Klebstoff. Pressen Sie den Halm vorn und hinten kurz an die Tragflächen, bis er überall gut hält (Bild 12).

Schieben Sie den mit Klebstoff bestrichenen zweiten Halm von vorn unter die Tragfläche, und knicken Sie ihn an dem Punkt nach unten, der ca. 10 cm vor der Flügelkante auf dem Strohhalm liegt.
Dann kürzen Sie den Halm, von dem Knick aus gerechnet, auf 3 cm und kleben ihn mit Alleskleber an der Nase fest (Bild 13).

Nach der Trimmung (hier mit Umwickelung eines Drahtes aus Lötzinn) können Sie den Segler bemalen oder den ersten Testflug durchführen (Bild 14).

Ein besonders effektvolles Aussehen geben Sie dem Flieger mit einer Airbrush-Verzierung (Bild 15).

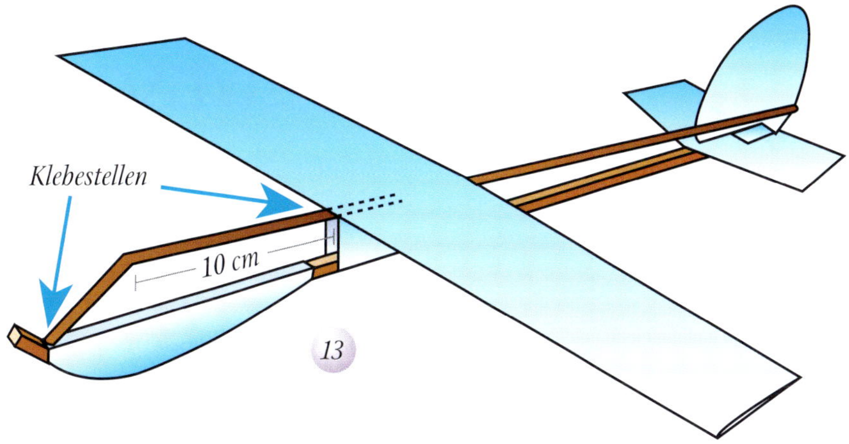

13

14

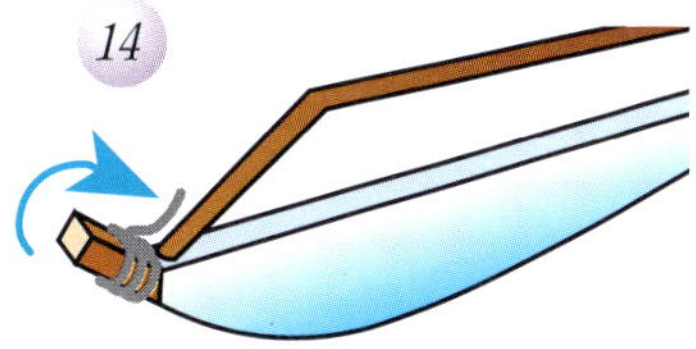

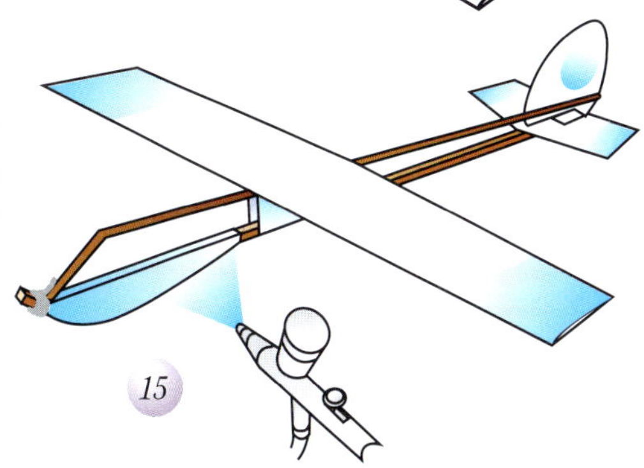

15

Hochstartsegler 2

Material & Werkzeug

Kiefernholzleiste 39 x 0,5 x 0,5 cm, 1 kleines Stück Kiefernholzleiste, 7 x 1 x 0,5 cm, Schaschlikstäbchen, Streichholz, Zeichenkarton oder gestrichener Farbkarton, A3 (170 g/m²), dünnes Papier, Alleskleber (Tube und Stift), Kleber mit hoher Punkthaftung, Schere, Cutter, Lineal, Farben, roter Filzstift, Falzwerkzeug (Falzbein o. ä.), Bleistift, Holzkugel, 2,5 cm ø und 0,5 cm Bohrung (Bastelgeschäft), Balsaholzplatte, 0,5 cm dick, etwas Wellpappe, 0,3 cm dick, 2 Gummiringe, ca. 4 cm ø, einige Stecknadeln, 1 feine Eisensäge

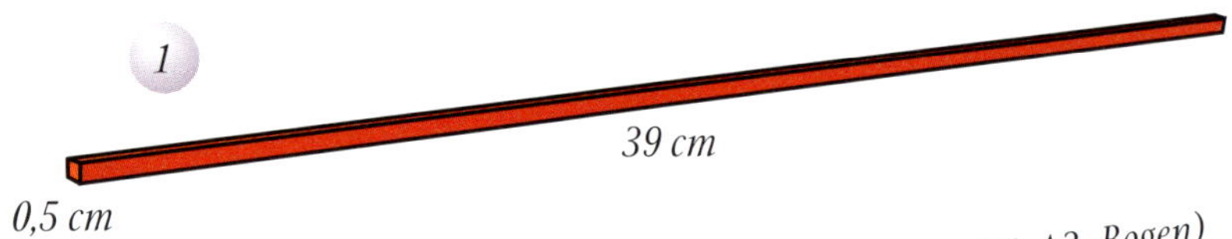

Bemalen Sie die Rumpfleiste mit dem roten Filzstift (Bild 1).

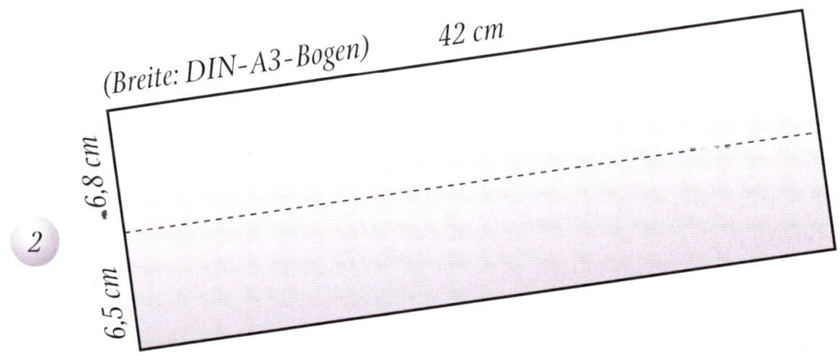

Schneiden Sie die Tragfläche aus dem Zeichen- oder Farbkarton heraus, und ritzen Sie das Kartonstück leicht an (Bild 2).

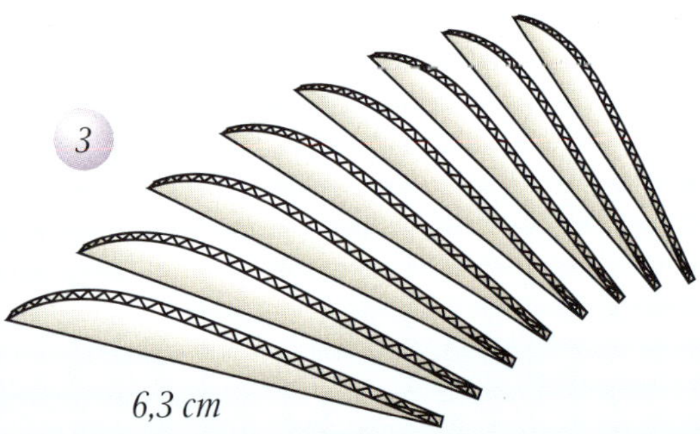

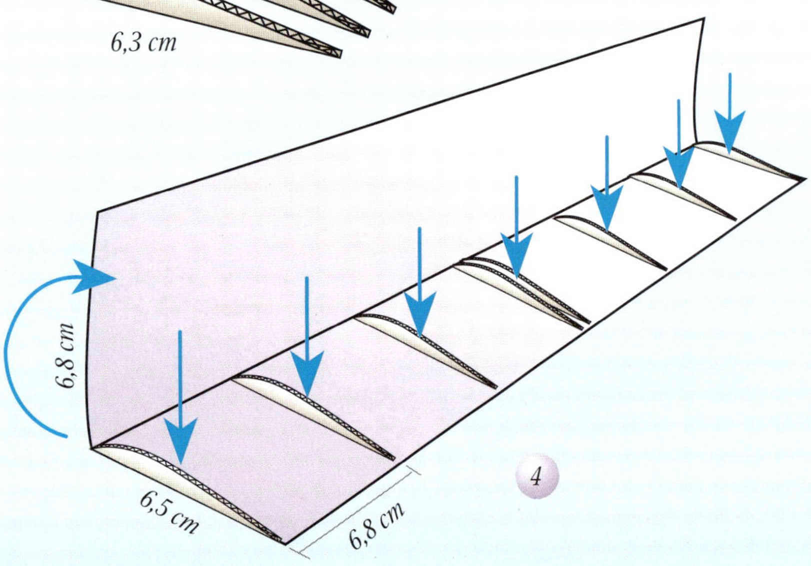

Aus der Wellpappe schneiden Sie acht Profilrippen mit 6,3 cm Länge in der vorgezeichneten Stromlinienform aus (Bild 3, Vorlage auf Seite 48).
Kleben Sie diese, den angegebenen Abständen in Bild 3 entsprechend, auf die etwas kleinere Hälfte der in einem rechten Winkel gefalteten Tragfläche. Achten Sie darauf, daß die Rippen nicht direkt auf dem Knick in der Tragfläche liegen und nicht bündig mit der Außenkante abschließen. Sie sollten jeweils 0,1 cm zuvor enden.
Fixieren Sie die Papprippen mit Stecknadeln, bis sie angetrocknet sind.

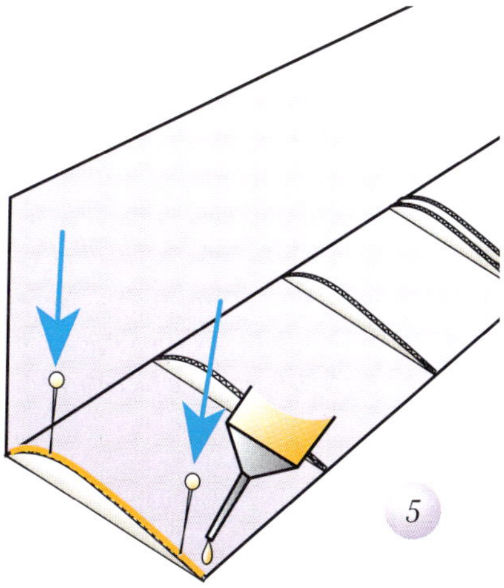
5

Die Auflagefläche besteht aus einem 7 cm langen Stück der 1 x 0,5 cm-Leiste. Auflagefläche, unterstützendes Streichholz und Rumpf werden mittels punkthaftendem Kleber besonders fest verleimt.

Schneiden Sie die rechteckige Höhenleitwerks- und die halbrunde Seitenleitwerksfläche aus (Vorlage Seite 48), und ritzen Sie die Falzlinien vor (Bild 8 und 9).

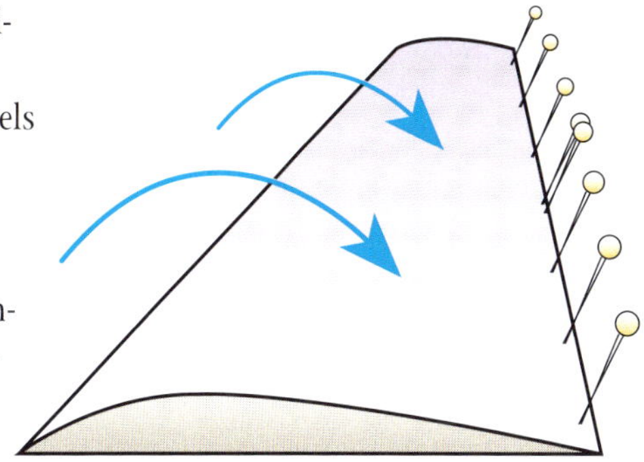
6

Bestreichen Sie jetzt die Oberkanten der Rippen mit Alleskleber (Bild 5), klappen Sie die Tragflächenhälfte um, und streichen Sie den Karton vorsichtig glatt (Bild 6).
Fixieren Sie die Hinterkanten des Flügels mit den Stecknadeln, bis alles fest und trocken ist. Sie können die Hinterkante der fertigen Tragfläche noch mit leichtem, glasklarem Klebefilm zusätzlich versiegeln.

Bauen Sie nun die Auflagefläche und die Befestigungspflöcke für die Tragfläche (Bild 7):
Mit der feinen Eisensäge werden zwei Kerben in der Rumpfleiste angebracht. Sie sind jeweils 0,2 cm lang und tief.
In die Kerben werden zwei Befestigungspflöcke mit punkthaftendem Kleber geleimt. Die jeweils 2 cm langen Pflöcke werden aus einem Schaschlikstäbchen gefertigt.
Die Auflagefläche für die Tragfläche soll mit dem Rumpf einen Winkel von etwa 2° einschließen.
Deshalb wird sie am nasenseitigen Ende von einem 1 cm langen Stück Streichholz unterstützt.

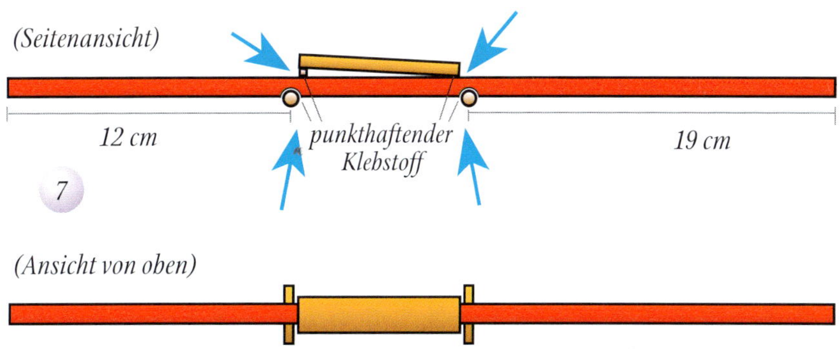

7

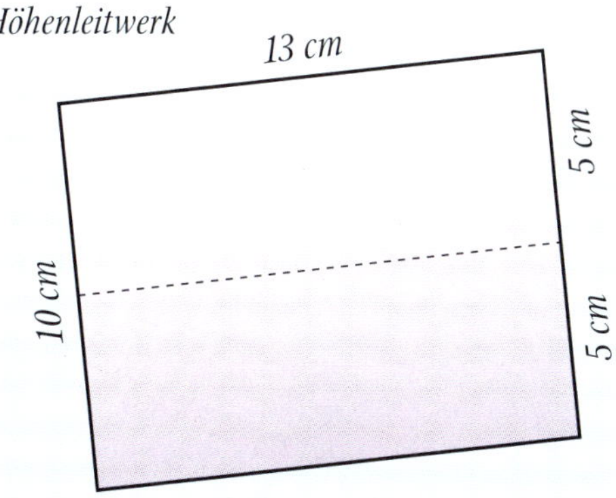

8 Höhenleitwerk

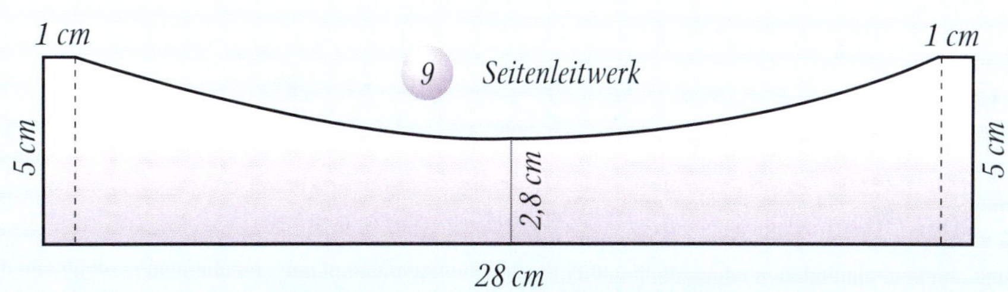

9 Seitenleitwerk

10

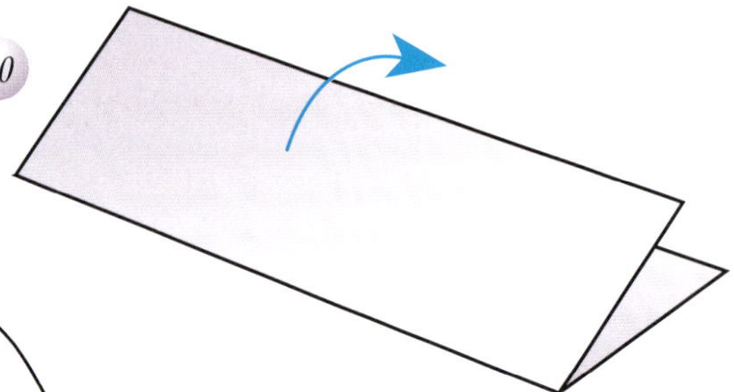

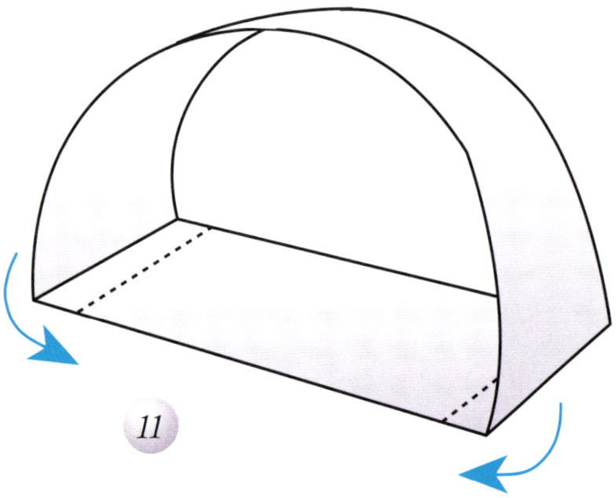

11

Kleben Sie das fertige Leitwerk mittig auf das Rumpfende, und fixieren Sie es mit zwei Winkeln aus Karton (Bild 12).

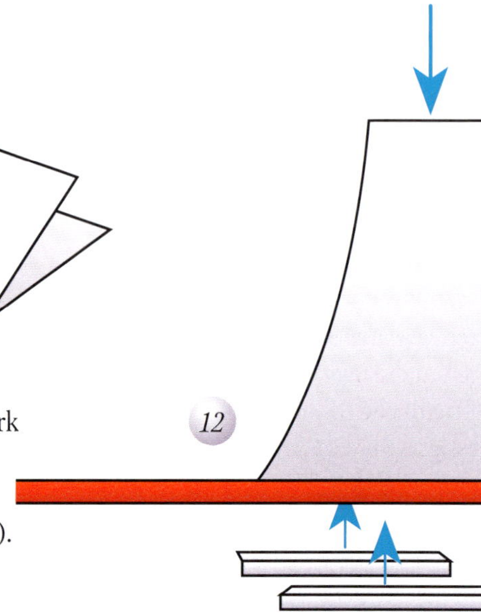

12

Bestreichen Sie eine Hälfte des gefalzten Höhenleitwerks mit dem Klebestift, und klappen Sie es zu (Bild 10).

Dann biegen Sie das gefalzte Seitenleitwerk zu einem Halbkreis bzw. Rundflügel und verleimen es mit den unteren Außenkanten des Höhenleitwerks (Bild 11).

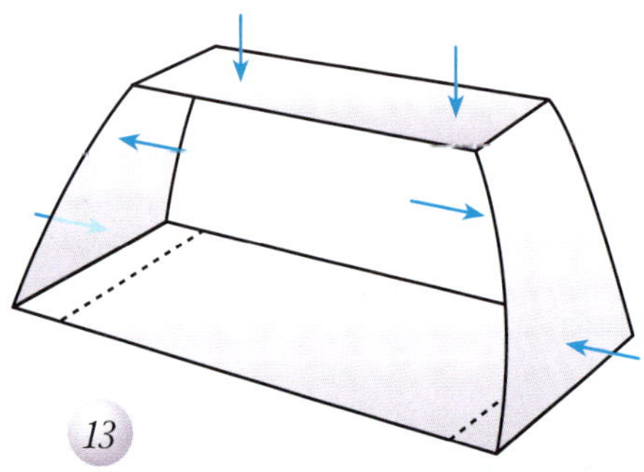

13

Sie können das Seitenleitwerk auch kastenförmig ausformen (Bild 13).

Schneiden Sie nun mit dem Cutter das Cockpit aus der Balsaholzplatte (Vorlage auf Seite 48).
Sie müssen dabei nicht unbedingt die hier vorgeschlagene Form einhalten. Um ein gutes Aussehen des Cockpits zu gewährleisten, achten Sie aber bitte darauf, daß die Umrisse einigermaßen stromlinienförmig ausfallen. Diese Art der Formgebung verringert den Luftwiderstand und verbessert dadurch die Flugeigenschaften.
Kleben Sie das Balsaholzstück mit dem stark punkthaftenden Kleber auf dem Rumpf fest (Bild 14).

14

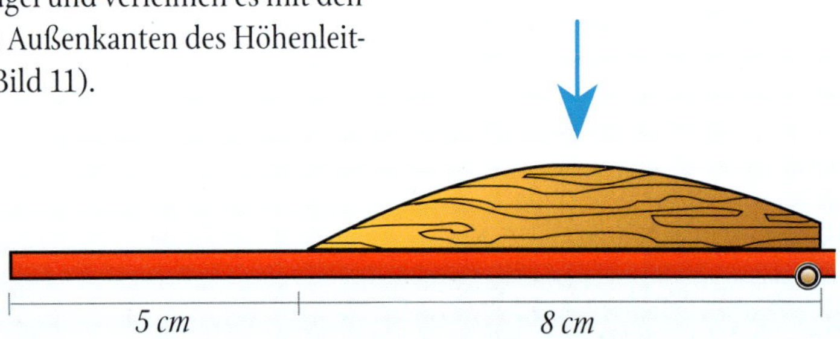

Schieben Sie die Holzkugel auf die Rumpfnase (Bild 15). Falls nötig, runden Sie die Kanten der Rumpfleiste mit Sandpapier vorn etwas ab.

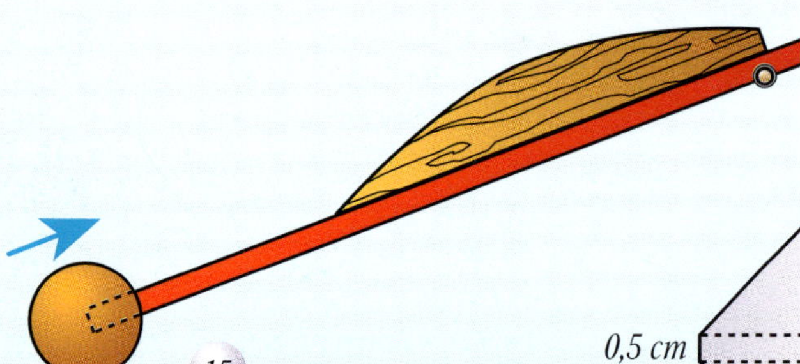

15

Schneiden Sie den Wurfgriff gemäß Vorlage auf Seite 48 aus dem Zeichenkarton, und falzen Sie ihn an den gestrichelten Linien (Bild 16).

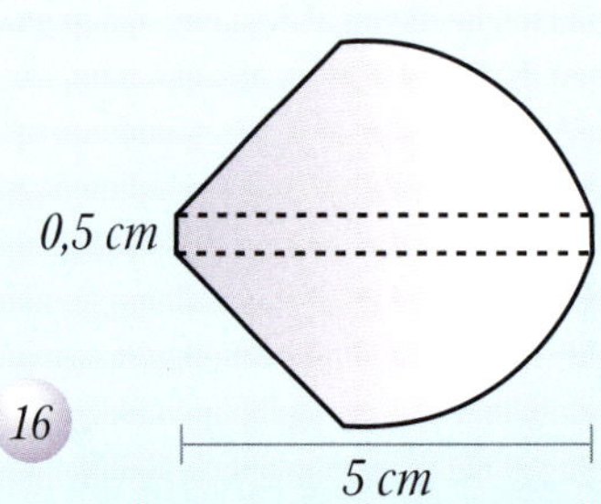

16

Ziehen Sie den Griff zwischen Tragflächenauflage und Rumpf hindurch, und kleben Sie ihn an den Rumpfseiten mit Alleskleber fest (Bild 17).

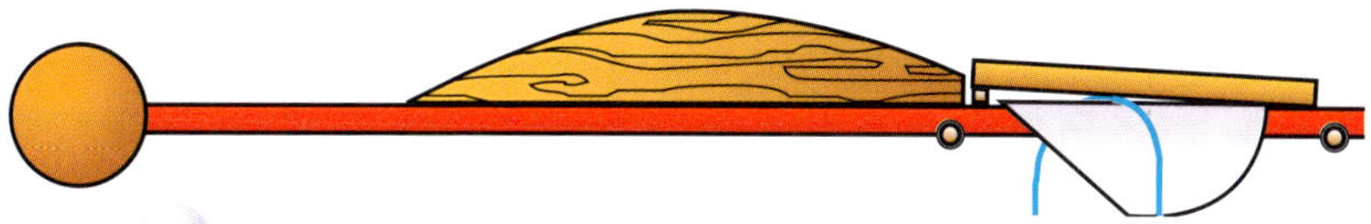

17

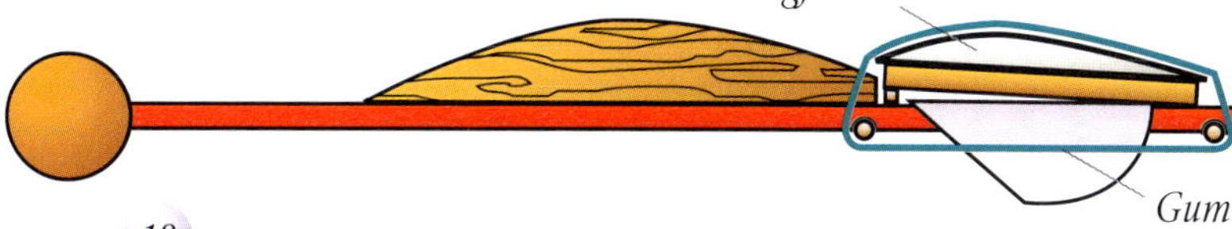

18

Legen Sie die Tragfläche mittig auf die mit dem Rumpf verleimte Auflagefläche, und spannen Sie zwei Gummiringe um die Befestigungspflöcke und die Tragfläche (Bild 18). Diese Art der Befestigung bleibt flexibel – bei Abstürzen wird der Flügel geschont.

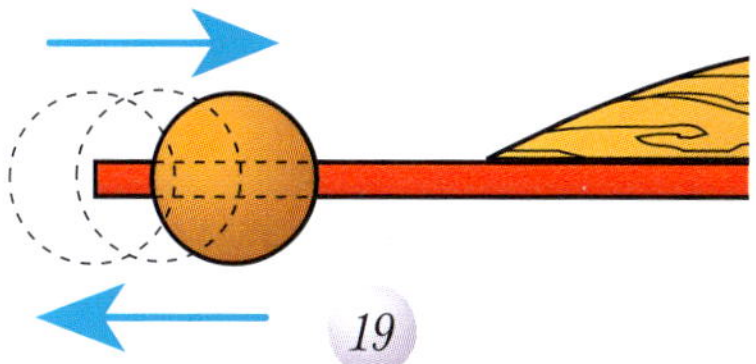

19

Schieben Sie die Holzkugel nach vorn, wenn der Flieger zu schnell nach oben steigt. Sinkt die Nase zu schnell nach unten, schieben Sie die Kugel einfach nach hinten (Bild 19).

20

Gestaltung

Bekleben Sie die Tragfläche mit Symbolen oder Zeichnungen auf dünnem Papier.
Sie können dazu auch Bilder aus Illustrierten ausschneiden und aufkleben oder Aufkleber aus dem Modellbaugeschäft verwenden.
Oder nehmen Sie den „Endeavour"-Vorschlag in Bild 20 als Vorlage.

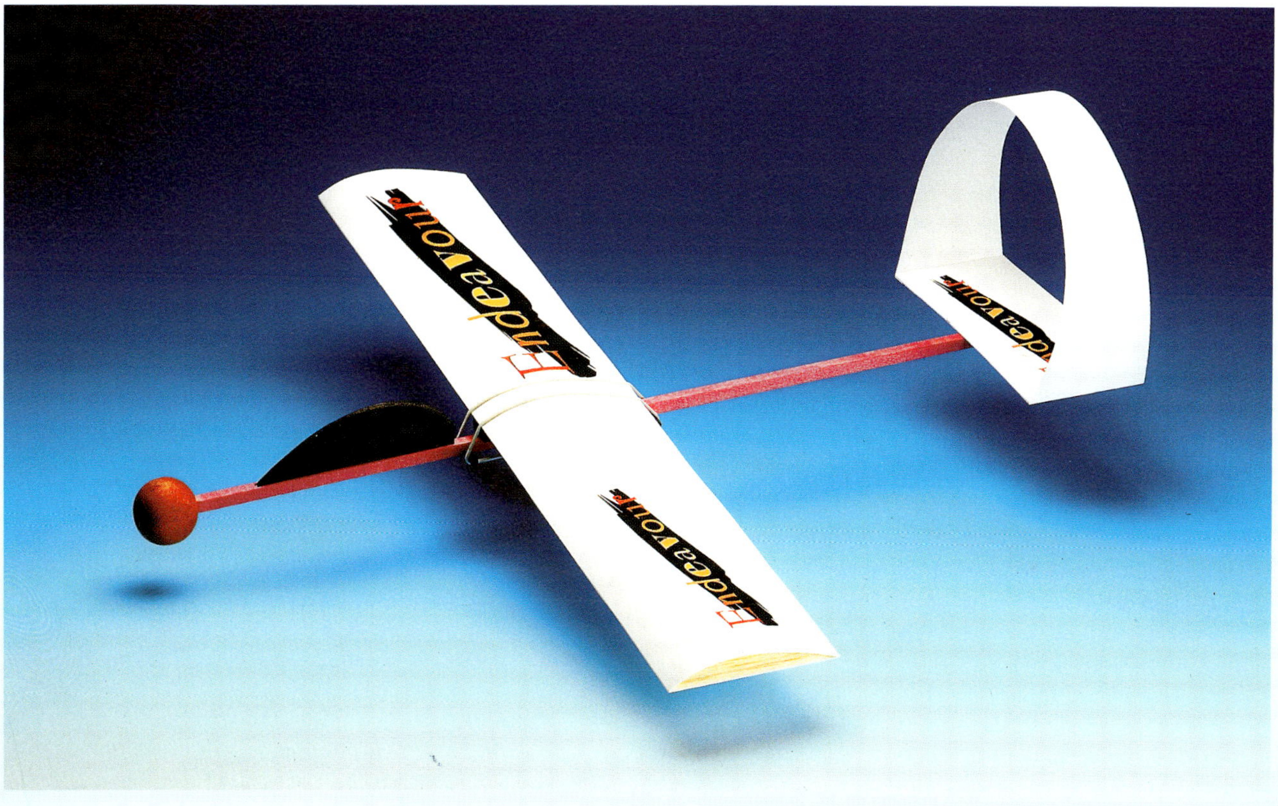

Vorlagen

Manche Teile der vorgestellten Wurfgleiter und Segelflieger sind gebogene oder verwinkelte Gebilde. Als maßstabsgetreue Vorlage dargestellt, lassen sich die Formen problemlos auf das jeweilige Material übertragen.

Vergrößern

Diese Vorlagen sind entweder in Originalgröße oder verkleinert dargestellt. Damit Sie die Vorlagen auf einem Kopiergerät vergrößern und dann durchpausen oder anderweitig nachzeichnen können, ist der jeweilige Vergrößerungsfaktor überall angegeben.

Die Anordnung der Vorlagen entspricht der Reihenfolge der Modelle im Buch.
Die Vergrößerungsfaktoren von 141 % oder 200 % sind an vielen Kopiergeräten mit einem Tastendruck einstellbar.

Durchpausen

Und so übertragen Sie dann die kopierte bzw. vergrößerte Vorlage auf den Karton:
Legen Sie ein Blatt Kohlepapier zwischen die Kopie und das jeweilige Baumaterial. Ziehen Sie dann die Linien mit einem Bleistift nach. Sie müssen gut auf dem Baumaterial zu erkennen sein; drükken Sie also den Stift relativ stark auf.

Schneiden und Rillen

Nun schneiden Sie das jeweilige Flugzeugteil mit Schere oder Cutter entlang der Linien aus. Anschließend rillen Sie mit dem Falzwerkzeug (Falzbein oder Messerrücken) bzw. ritzen Sie mit dem Cutter die gestrichelten Linien leicht vor, um eine gute Falzung mit geraden Kanten zu erhalten.

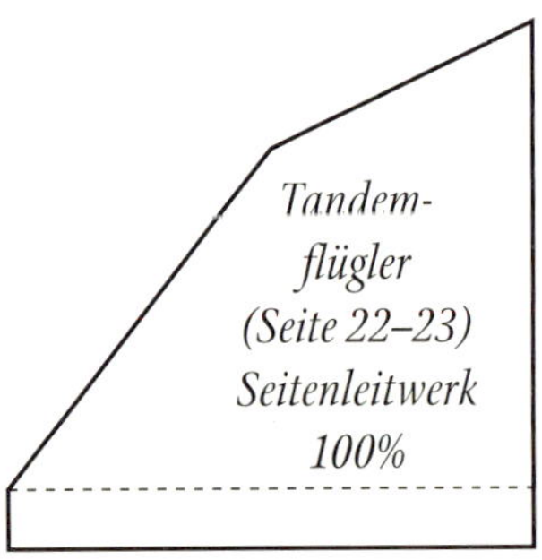

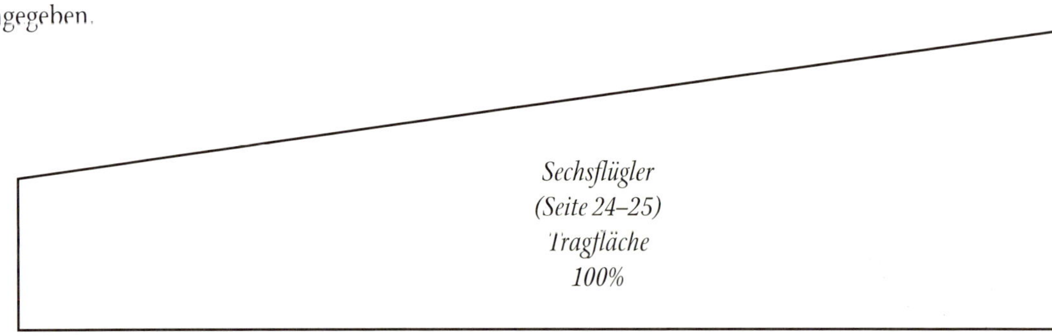

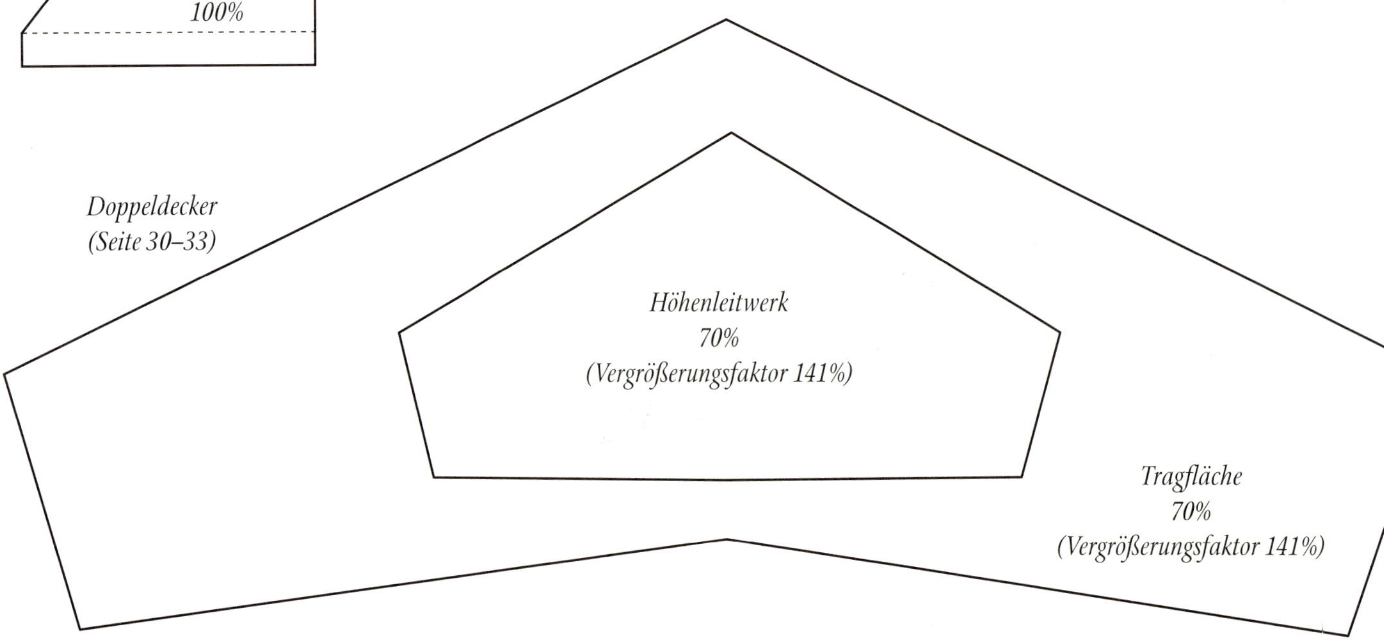

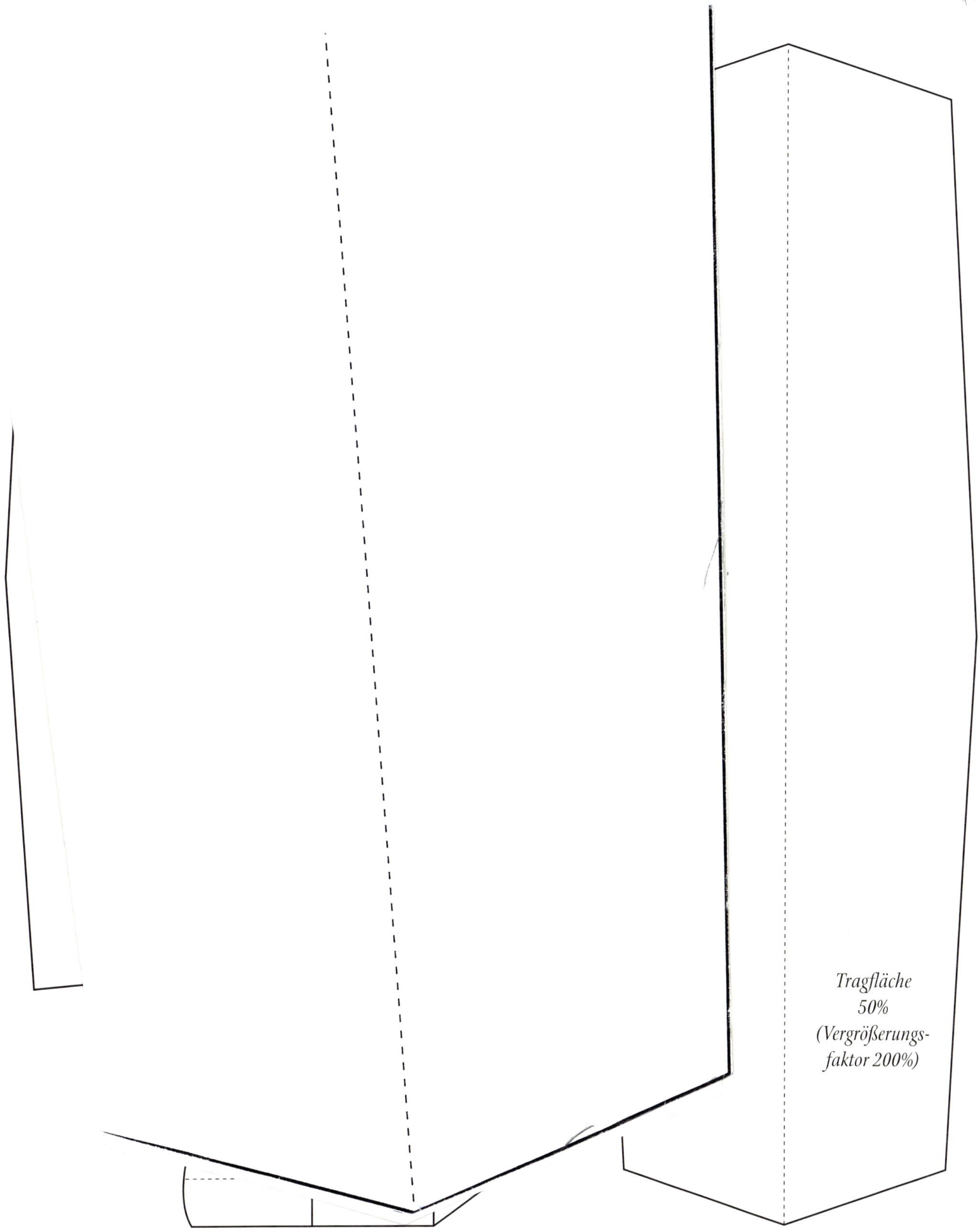
Tragfläche
50%
(Vergrößerungs-
faktor 200%)

Hochstartsegler 2
(Seite 42–45)

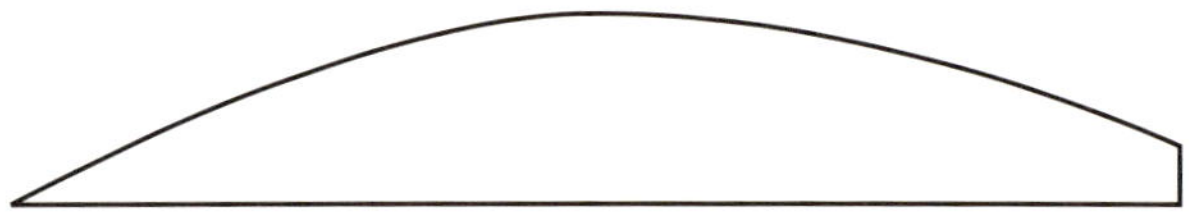

Cockpit
100%

Profilrippe
100%

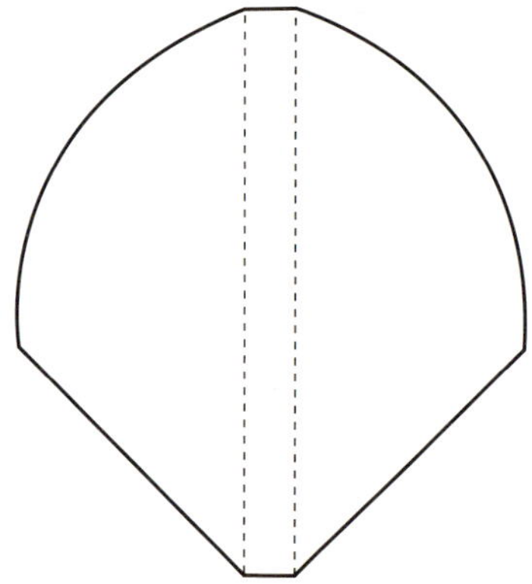

Wurfgriff
100%

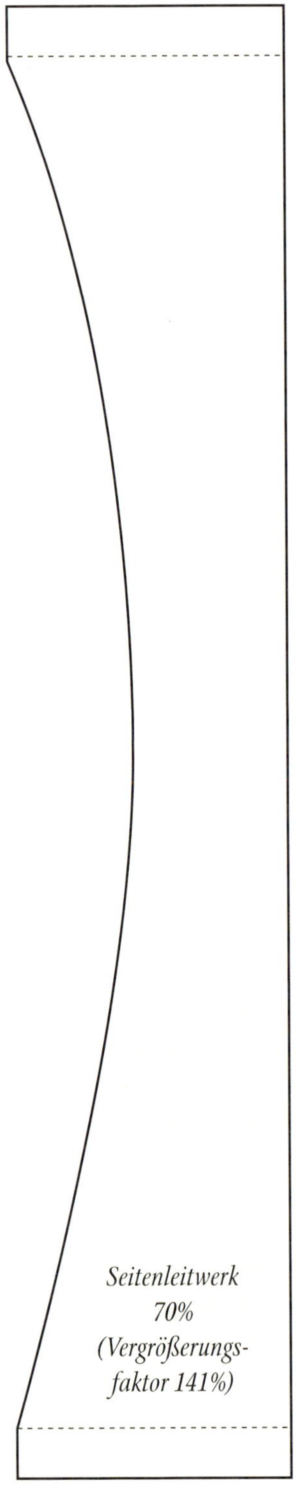

Seitenleitwerk
70%
(Vergrößerungs-
faktor 141%)